개정판 | Geography
지리 이야기

국립중앙도서관 출판시도서목록(CIP)

지리이야기 / 권동희 지음. -- 개정판. -- 파주 : 한울, 2005
 p. ; cm

참고문헌과 색인수록
ISBN 89-460-3435-1 03980

980-KDC4
910-DDC21   CIP2005001560

개정판 | Geography
지리 이야기

권동희 지음

개정판 머리말

『지리 이야기』가 세상에 나온 지 만 8년이 되었다.

부족하고 부끄러운 부분이 너무 많았지만 이 모든 허물을 덮고 독자 여러분께서 그동안 분에 넘치는 사랑을 베풀어주셨다. 아낌없는 격려와 충고를 해주신 독자 여러분들께 지면을 빌려 진심으로 감사를 드린다. 그리고 이에 조금이나마 보답하는 마음으로 조심스럽게 새로운 모습으로 다시 세상에 내놓는다.

오랜 시간이 지나고 보니 우선 외모부터 시대적 감각에 뒤지는 것 같아 좀 더 보기 좋게 판형과 디자인을 바꾸어보았다. 활자도 키워 가독성을 높였다.

내용을 쉽게 풀어 쓰는 것도 해결해야 할 과제였지만 필자의 능력으로는 한계가 있어 이는 별 진전이 없었다. 그 대신에 다양한 시각자료를 통해 이해도를 높이고자 하였다. 사진은 대부분 새로운 것으로 바꾸면서 가급적 많은 사진을 추가하려고 노력하였고 그림 자료는 모두 새롭게 제도하여 가독성을 높였다.

중복되는 내용은 통폐합하면서 제목을 바꾸었고 20여 개의 새로운 주제도 첨가하였다. 이와 함께 내용은 9개의 부를 8개로 조정하였고, 1개 부의 내용들은 8개 부 안에 적절하게 자리를 옮겨 재구성하였다. 그리고 너무 많은 소주제로 나누다 보니 다소 산만하다는 지적도 있고 하여 각 부에서 유사한 주제들은 하나의 소주제로 묶어 이 문제를 최소화하도록 노력하였다. 그러나 이러한 방법은 상당히 주관적인 것으로 아마 독자들이 보기에 어색한 부분도 있을 것이다. 이는 독자 여러분들의 양해를 구하면서 2차 개정에서 더욱 세련되게 엮어볼 것을 약속드린다.

그동안 지리 전공자가 아니거나 저학년 또는 지리를 공부한 지 오래된 독자들의 경우 전문용어가 어렵다는 지적이 많았다. 이를 다소나마 해소하기 위해 각 주제별로 필요한 경우 용어 해설을 첨부해 두었다. 개정판의 편집 디자인에서는 이 점을 충분히 고려하였다.

끝으로 새롭게 꾸미는 데 아낌없이 지원해 주시고 더 많은 독자들이 접할 수 있도록 배려해 주신 도서출판 한울의 김종수 사장님께 감사드린다. 그리고 공부하느라 바쁜 가운데도 늘 웃으면서 작은 일 큰일 가리지 않고 도와준 동국대학교 전연정 조교에게도 고마운 마음을 전한다. 또한 편집으로 고생한 김은현 씨에게도 지면을 빌려 재삼 감사드린다.

이 책을 통해 좀 더 많은 독자들이 지리와 친해지고 건강한 지리철학을 갖게 되기를 욕심 부려본다.

2005년 8월
권동희

초판 머리말

요즘처럼 가르치는 일이 어려운 적은 없다.

과거에는 풍부한 지식과 인격을 갖춘 선생을 최고로 쳤다. 세상은 바뀌어 여기에 센스와 유머 감각을 더 갖추기를 요구하고 있다. 한마디로 학생들을 웃기지 못하는 선생은 빵점 선생이다. 배우자를 선택할 때도 요즘 젊은이들은 상대방의 유머 감각을 첫째로 꼽는다지 않는가. 지식과 인격을 고루 갖추기란 어디 그리 쉬운 일인가? 여기에다 개그맨까지 되어야 하니…….

필자는 10여 년 동안 대학에서 교양 강좌로서 '지리학'을 강의해 왔다. 10년 전이나 지금이나 변하지 않는 진리는 수업은 재미있어야 한다는 것이다. 요즘 학교에서 학생들을 가르치는 선생님들의 가장 큰 고민은 어떻게 하면 수업 시간에 학생들을 웃길 수 있느냐 하는 것이다. 학생들의 흥미를 끌지 못하는 수업은 성공할 수 없고 따라서 많은 선생님들은 학생들을 웃기려고 온갖 묘안을 짜낸다.

수업 시간에 웃음이 넘친다는 것은 얼마나 즐거운 일인가. 그러나 웃기지 못하는 선생은 괴롭다. 개그맨은 아무나 되는 것이 아니기 때문이다. 그렇다면 방법은 없는가? 물론 있다. 재미있게 가르치는 것이다.

"10리는 왜 4km일까? 한강은 왜 고대 문명의 발상지가 못 되었을까? 사하라에 공룡이 살았다고? 대륙이 움직인다? 칠레는 왜 세계적인 구리 생산국이 되었을까? 함박눈이 내리는 날은 거지가 빨래를 한다?" 이러한 질문들을 따라가다 보면 재미있는 지리 공부가 저절로 되지 않을까.

본서는 지리학을 공부하는 학생들이 좀 더 쉽고 재미있게 지리학을 이해할 수 있도록 엮은 강의 노트이다. 왜 우리는 지리학을 공부할까?

답은 간단하다. 우리는 지리학을 통해 지리적 안목을 키울 수 있기 때문이다. 지리적 안목이란 인식의 폭을 무한한 시간과 공간 속으로 넓히는 것이다. 그것은 또 늘 보고 느끼던 우리 주변의 복잡하고 다양한 현상들을 과학적으로, 더 쉽고 재미있게 해석하고 느낄 수 있게 된다는 뜻이다. 이로 인해 우리들의 지적 욕구가 충족되고 사물을 해석하는 깊이가 넓고 깊어지는 것이다.

이 책은 성격상 1부「지리학의 이해」, 2부「신비로운 자연의 세계」, 3부「한국의 전통지리」, 4부「지구와 지도」, 5부「지형과 인간생활」, 6부「기후와 인간생활」, 7부「지리학과 환경」, 8부「세계 지역의 이해」, 9부「생활 속의 지리사상」등 9개 영역으로 크게 분류해 놓았다.

본서는 딱딱한 지리학의 주요 개념들을 비교적 쉽게 이해할 수 있도록 흥미로운 생활 속의 이야기로 풀어놓은 것이다. 지리학 전공자는 물론, 일반 대중들이 지리학이라는 학문을 쉽게 이해하는 데 작은 도움이 될 것으로 믿는다. 일선 학교에서 지리를 가르치는 선생님들께도 좋은 수업 자료가 될 것이다.

지리학은 곧 생활과학이다. 더 이상 지리학이 따분하고 어렵고 암기할 것이 많은 진부한 학문이 아니라는 것을 많은 독자들이 이 책을 통해 깨닫기를 바란다.

끝으로 본서가 발간되도록 도와주신 도서출판 한울의 김종수 사장님을 비롯한 여러분들께 진심으로 감사드린다.

1998년 2월
권동희

차례

개정판 머리말_4
초판 머리말_6

지리학의 이해

제1부 장소와 지역_13
지구지리학 화성지리학_14
장소와 지역_16
　지리학의 다섯 가지 주요 테마
달에 토양이 있을까?_19
ET를 찾아라_22
지구와 우주의 지리적 경계_25

신비로운 자연의 세계

제2부 결코 태평하지 않은 태평양_27
갈라지는 대륙, 사라지는 바다_28
　판게아와 판타라사 | 히말라야 황색 띠의 비밀 | 유럽과 아시아의 경계는? |
　한반도가 태평양 바닥으로 사라진다?
흔들리는 땅, 넘치는 물_37
　결코 태평하지 않은 태평양 | 홍해가 갈라진 이유 | 바닷물이 차가워지면 쓰나미가 올 징조
바닷물은 왜 얼지 않을까?_43
바다의 화산_45
　현무암과 산호의 세계 하와이 | 독도는 2,068m
별난 바위들_50
　리우데자네이루의 상징 슈가로프 | 쪼인트와 흔들바위 |
　초고층 아파트에 사는 쉰움산의 비단개구리 | 인왕산 선바위

신비로운 동굴의 세계_61
　용암동굴은 왜 제주도에만 있는가? | 가짜 종유굴
날씨와 생활_67
　지후와 시후 | 매우, 취우, 삽우 | 태풍과 하수구 |
　함박눈이 내리는 날은 거지가 빨래하는 날 | 영동 지방에 눈이 많이 오는 진짜 이유
기후변동의 마술_77
　오존층 파괴는 왜 남극에서 심할까? | 공룡의 실낙원 사하라 | 대륙이동과 사하라의 기후변화
가평천의 항아리바위_84
울릉도에는 산이 없다_86
내 고향 안흥의 구석개울_89
허준의 해부학 실험실_93

지구와 지도

제3부 콜럼버스의 오해_97

콜럼버스의 오해_98
지구에 그려진 날줄과 씨줄_101
　자오선과 회갑 | 경선 0도는 어떻게 결정되었을까? | 지구가 시계 반대 방향으로 도는 이유는?
감추어진 시간_107
　잃어버린 30분 | 중국의 시각
지리중심도시 수원과 인천_111
　우리나라 해발고도의 기준은? | 우리나라 거리의 기준점은?
서울의 중심, 한국의 중심_116
바다와 육지의 경계_119
10리는 5.4km_122

지형과 인간생활

제4부 황사의 신비_125

황사의 신비_126
　황사는 왜 봄에만 나타나는가? | 황사의 선물 뢰스 | 황사의 두 얼굴 | 중국의 상징 황토고원

화산과 인간_137
    고대 문명이 사라진 것은 화산활동 탓 | 펠레 화산과 파나마 운하
특별한 지하수, 온천_141
    온천과 광천, 그리고 약수 | 온천을 찾는 방법
살아있는 지구의 선물_146
    칠레에는 왜 구리가 많은가? | 안데스 구리 농축의 비밀 | 에메랄드의 고향, 브라질 순상지
지진 예보관, 문어_153
중국에는 강(江)과 하(河)가 있다_155
    중국에 양쯔 강은 없다 | 황하가 짧아진다 | 백년하청
하수도 관광_161
또아리굴_163
중국의 얼음 깨기 작전_166
남극의 빙산을 끌어다 식수로 사용한다_168
산방산의 전설_170
미켈란젤로와 대리석_173
한국의 나이아가라_175

기후와 인간생활

제5부 마녀사냥의 진실_181
토종가옥_182
    너와집과 굴피집 | 겔과 마유주
블랙 아프리카의 세계_188
    햇볕에 그을린 사람들의 나라 에티오피아 | 블랙 아프리카 사람들
예수와 막걸리_191
고대 문명, 그 뒷이야기_194
    한강이 고대 문명의 발상지가 못 된 사연 | 중국 고대 문명 발생지는 창장 강이었다 | 기후변동과 고대 지중해의 정신세계 | 기후변동과 모세의 출애굽, 그리고 기독교 탄생
기후의 신비_202
    세계에서 가장 추운 곳과 더운 곳 | 별이 속삭이는 시베리아
콜로라도의 인공홍수 쇼_206

땀구멍을 세어본 적이 있는가?_209
김치 관광_212
보름달 보고 미친다_214
시험공부는 냉장고 속에서_216
울릉도 트위스터_218
마녀사냥의 진실_221
대추야자의 비밀_223
마사이 워킹_225
나폴레옹과 차이코프스키_228
진정한 동물의 왕국, 남아프리카공화국_230

지리학과 환경
제6부 식인들의 섬, 이스터의 비밀_233
갯벌 살리기와 람사조약_234
환경오염과의 전쟁_237
21세기의 태풍_240
산성비와 알칼리비_243
방귀세를 내는 나라 에스토니아_246
식인들의 섬, 이스터의 비밀_250
동북 타이의 소금_253

한국의 전통지리
제7부 명당수 청계천_255
지관과 풍수사_256
홍콩 디즈니랜드의 풍수지리_258
양택풍수, 음택풍수_261
낙산공원과 흥인지문_264
명당수 청계천_268

생활 속의 지리사상

제8부 능라도 수박 맛_271
음식 속 지리 이야기_272
  인도인과 카레 | 카카오와 코코아 | 보드카와 흑빵
재미있는 땅 이름_277
  월악산과 달천 | 알랑미를 아십니까? | 역전앞과 고비 사막 | 리아스식 해안인가 리아 해안인가?
해와 달, 그리고 시간_283
  윤동짓달에 빚 갚는다 | 1년 열두 달 24절기 365일 | 7월, September
어린이 천국 몽골에서 배우자_289
능라도 수박 맛_291

참고문헌 및 자료_294
찾아보기_299

지리학의 이해

제1부 장소와 지역

지구지리학 화성지리학

Geography

    지리학(地理學, geography)은, 땅(地)의 이치(理)를 연구(學)하는 것을 말한다.

    자연지리학자이기도 했던 철학자 칸트는 지리학을 '공간을 대상으로 하는 학문'이라고 하여 '시간을 대상으로 하는 학문'인 역사학과 구분하였다. 땅은 칸트가 말한 공간이며 구체적으로는 '지구'를 말한다. '칸트의 공간'을 지구로 한정하는 것은, 인간을 포함한 생명체가 존재하는 행성은 우주공간 속에서 지구가 유일하기 때문이다. 먼 훗날 화성이나 달에 사람이 살 수 있게 된다면 지리학 연구 대상으로서의 공간은 지구 밖으로 연장될 것이며, 지리학은 지구지리학, 화성지리학, 그리고 달지리학으로 구분되어야 할 것이다.

    그러나 지구 전체가 지리학의 연구 대상은 아니다. 지구 그 자체를 연구 대상으로 하는 지질학자들과는 달리, 지리학자들은 '인간의 생활환경으로서의 지구'에 관심을 갖고 있기 때문이다. 따라서 지리학의 연구 대상으로서의 지구는 직·간접적으로 인간생활과 유기적인 관계를 맺고 있는 지표면으로 제한된다.

◧ 자연과 인간의 극단적인 조화를 보여주는 맞추피추: 해발 2,450m에 위치한 남미 안데스 잉카문명의 마지막 유적이다.

◧ 맞추피추의 계단식 경작: 환경파괴를 최소화하면서 농사를 지은 잉카인들의 지혜를 엿볼 수 있다.

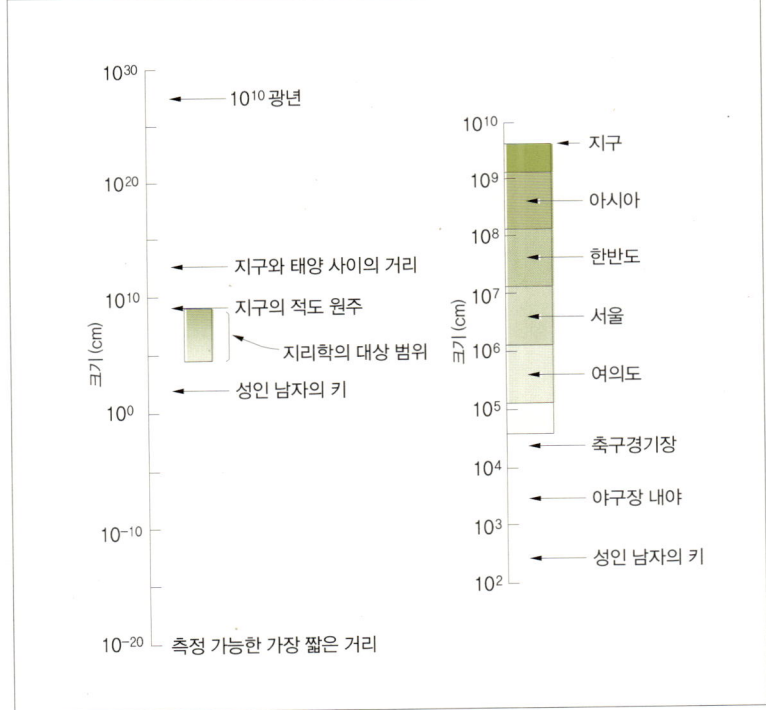

◧ 지리학의 연구 대상 그 공간적 범위(자료: H. J. de Blij · Peter O. Muller, 1996, 저자 수정)

지리학의 전통적인 주제는 '자연과 인간'이며, '자연과 인간의 조화로운 삶'은 지리학이 추구하는 최고의 가치다.

장소와 지역

Geography

지리학은 공간을 대상으로 한다. 그러나 공간은 시간에 상대적인 말로서 극히 추상적인 개념이며 지표상에 구체적으로 존재하는 것은 아니다. 이 공간 개념은 위치, 장소, 지역, 관계, 이동 등의 요소를 통해서 지표상에 구체화된다. 따라서 지리학은 이들 요소들을 주요 연구 주제로 삼는다.

위치란, 공간 속에 분포하는 지리적 요소들을 구체화하는 기본적인 조건이다. 위치는 "어느 곳에 있는가"라는 질문에 답을 해준다.

특정한 위치를 점하고 있는 가장 작은 단위의 지리 요소를 장소라고 한다. 지구 상에는 무수한 장소가 존재하며 그중 하나도 같은 곳은 없다. 이는 장소가 갖고 있는 유일성이다. 지리가 재미있는 것은 다종다양한 장소 덕택이다.

그러나 장소는 각각 독립적으로 존재하지 않는다. 인접한 장소와 분명히 구별되는 독립된 존재이면서도 인접 장소들과는 필연적으로 유기적인 관계를 유지하고 있다. 이들 유기적인 관계를 중심으로 서로 다른 장소들이 결합되어 새로운 개념의 지리적 특성이 나타날

◀ 사진 1: 아프리카 희망봉의 위치를 알려주는 표지판

◀ 사진 2: 마사이족 전통 마을

때 이를 지역이라고 한다. 지역은 하나 또는 그 이상의 공통점을 갖는 공간으로서 같거나 유사한 지역이 지구의 곳곳에 존재한다. 장소가 점(点)적인 특징을 갖는다면 지역은 면(面)적인 특징을 갖는다. 지표 상에서는 끊임없이 에너지(물질) 이동이 일어나고 있고 이에 의해 장소나 지역들은 강한 상호의존적 관계를 맺고 있다. 교통과 통신, 공기와 물의 순환, 문화의 확산 등이 좋은 예이다.

지리학의 다섯 가지 주요 테마

① **위치**(사진 1): 경위도에 의해 우리는 그 장소가 어디에 있는지 확실히 알 수 있다.

② **장소**(사진 2): 지구 상에서 마사이족 전통 마을은 유일한 존재이다. 이 마을은 주변의 식생, 야생동물들과 어우러져 하나의 독특한 사바나 지역 경관을 구성한다.

③ **지역**(사진 3): 세렝게티 평원은 초본식생지대, 가시나무림, 그리고 마사이 마을 같은 독립된 장소들이 모여 하나의 통일된 사바나 지역을 이루고 있다. 지역은 지구 경관을 구성하는 각각의 조각들이다.

➡ 사진 3: 아프리카 세렝게티 평원
➡ 사진 4: 남미 아마존 강변의 고상식 가옥

사진 5: 카리브 해안의 요트 ➡

④ **자연과 인간의 관계**(사진 4): 가옥구조는 열대기후 환경을 잘 반영하고 있다. 사진은 필자가 묵었던 호텔의 객실로서, 지구 상에서 가장 친환경적인 구조물 중 하나이다.

⑤ **이동**(사진 5): 자동차나 항공기, 요트 같은 교통수단들은 공간을 연결하는 주요 수단이 된다. '새로운 세계를 발견하고 인식하는 것'이 주요한 지리학의 목적이었던 초창기에 이동수단은 무엇보다 중요했다. 또한 현대지리학에서 교통수단의 발달은 지역변화를 가속화시키고 지리학의 범주를 넓히는 결정적인 계기가 되었다.

달에 토양이 있을까?

Geography

　암석은 시간이 지남에 따라 점차 잘게 부서지면서 그 성질이 변하여 새로운 물질로 만들어지는데, 이러한 과정을 풍화작용(weathering)이라고 한다. 그리고 그 결과로 만들어진 것을 풍화물질(regolith)이라고 하는데, 순수한 우리말로는 '썩은 바위' 또는 '석비레'라고 한다.
　야외에서 관찰할 때 겉으로 보기에는 마치 암석처럼 단단해 보이지만 실제 손으로 눌러보거나 발로 차보면 쉽게 부서져 내리는 것을 볼 수 있는데 이러한 상태를 '바위가 썩었다'고 표현한다. 이 풍화물질은 지구 표면에서 온갖 생물체가 살아가는 데 기본인 토양의 재료로서 매우 귀중한 것이다.
　지리학적으로는 단순히 풍화된 물질을 토양이라고 하지 않는다. 즉, 풍화물질이 토양으로 바뀌기 위해서는 '토양생성작용'이라고 하는 과정을 더 거쳐야 한다.
　토양생성작용이란, 고등식물이나 미생물의 작용에 의해 본래 암석의 풍화물질에는 없던 새로운 물질, 즉 고등식물의 재생산에 필

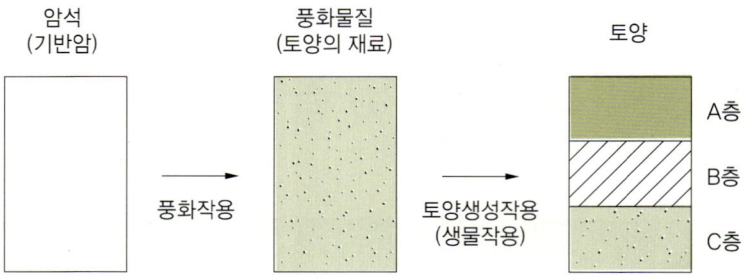

토양의 발달과정 ▶

요한 물과 각종 영양원소를 갖게 되어 풍화물질이 비옥해지는 과정을 말한다. 토양이란 이와 같은 토양생성작용에 의해 풍화물질이 재생산 기능을 갖게 된 것을 말한다.

물리적·화학적 풍화작용에 의해 형성된 풍화물질 위에서 고등식물의 종자가 뿌리를 내려 그중 강한 생명력을 지닌 식물이 군락을 이루어 자라게 되면서부터 토양생성작용은 시작된다. 고등식물의 뿌리는 풍화물질의 틈 사이로 뚫고 들어가 암석의 광물질에서 빠져 나온 칼륨(K), 칼슘(Ca), 마그네슘(Mg), 인(P) 등의 영양분을 흡수하여 땅 위(식물체)로 올려 보내고 이들 영양분은 식물의 잎이나 줄기에 저장된다. 그리고 이들 식물의 잎이나 줄기가 땅에 떨어져 분해될 경우 이들 속에 포함되어 있던 영양분은 풍화물질 내에 계속 쌓이게 된다. 이것을 물질의 생물학적 순환(biological cycle)이라고 한다. 토양생성작용은 이와 같은 생물학적 순환작용이 반복되는 과정이다.

토양생성과정에 영향을 주는 것들로는 암석의 종류, 기후 상태, 지형적 조건, 생물작용, 시간의 경과 정도, 인간의 간섭활동 등이 있다. 이들을 토양생성인자(soil forming factor)라고 하며 이 인자들은 지구 표면에서 다양한 특성으로 나타나기 때문에 그 결과물인

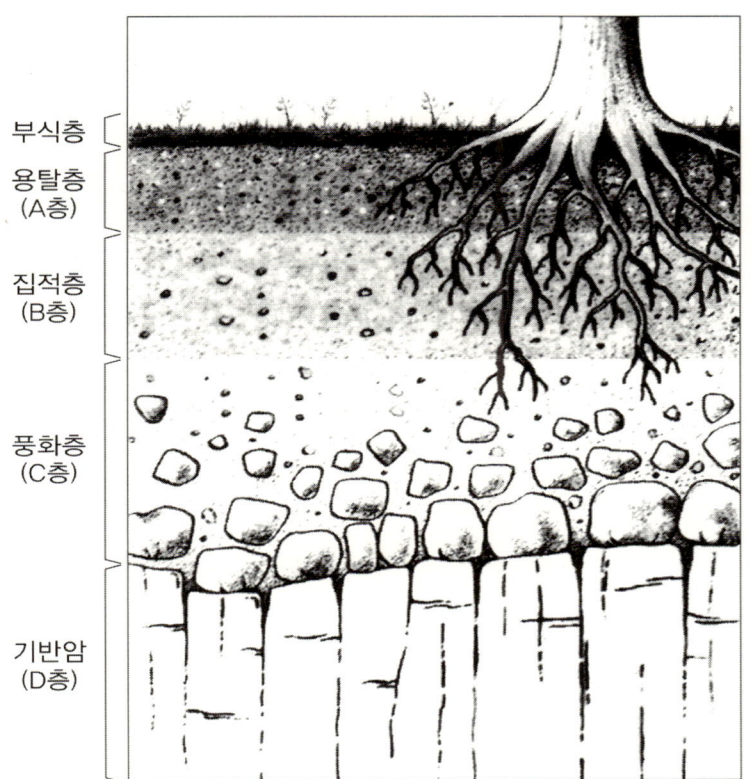

◀ 토양의 단면

토양도 지역에 따라 매우 다양할 수밖에 없다.

 달이나 화성에는 암석이 잘게 부서진 풍화물질은 있지만 토양은 없다고 보는 것이 상식이다. 달이나 화성에는 지구와는 달리 생명체가 존재하지 않기 때문이다.

ET를 찾아라

Geography

    어렸을 때부터 본 만화 속의 외계인은 모두 화성인이었다. 영화로 제작되어 크게 히트한 <ET(The Extra Terrestrial)>의 주인공도 화성인이다.
    미 항공우주국(NASA)은 지구 밖의 또 다른 생명, 즉 ET가 사는 별을 찾는 노력의 하나로 1960년대부터 SETI(Search for ET Intelligence) 프로젝트를 추진하고 있다. 이 프로젝트에는 하버드대학, 버클리대학 등의 우수한 과학자들이 참여하여 지름 300m의 초대형 망원경(푸에르토리코 소재)과 대기권에 떠있는 허블 망원경 등 첨단 장비를 사용하여 태양계 밖의 또 다른 태양계와 그 행성을 찾는 데 온 힘을 기울이고 있다.
    생명체의 원형인 단백질 합성이 일어나려면 빛과 물이 필수적이기 때문에, 물의 흔적이 있는 행성이 발견되면 일단 생명체가 살 가능성이 있다고 생각할 수 있다. 그러나 이러한 행성을 찾는다는 것은 사막에서 바늘 찾기와 마찬가지이다. 그러나 1995년 두 명의 미국 과학자가 큰곰자리와 처녀자리에서 행성 두 개를 찾아내는 쾌

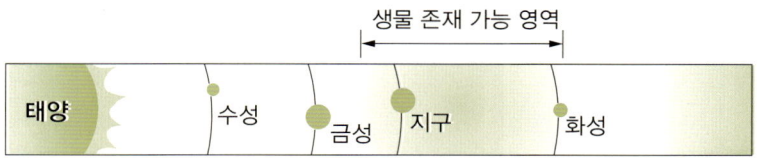

► 태양계에서의 생물 존재 가능 영역

거를 이룩하여 마침내 인류 탄생 이래 처음으로 다른 인류를 만날 가능성을 제시하였다.

한편으로는 거주지로서 지구가 포화 상태가 되자 과학자들은 오래전부터 제2의 지구로서 달과 화성을 지목하고 끊임없는 탐사와 연구를 진행해 왔다. 특히 생명체가 존재할 확률이 가장 높은 것으로 알려진 화성에 대해서는 많은 집중적인 탐사가 있었다.

무인 화성 탐사선 스피릿호가 화성에 착륙하여 각종 데이터를 지구로 전송하고 있고 이를 계기로 화성에 대한 관심이 더욱 커지고 있다. 유럽우주국(ESA)은 앞으로 화성 날씨를 예보할 것이라는 보도도 했고, 2030년 이후에는 화성에 인간을 착륙시킬 야심 찬 계획도 가지고 있다. 화성은 지구와 마찬가지로 자전축이 25도 기울어져 있어 사계절이 있으며, 화성 적도 부근의 평균 기온은 섭씨 영상 5도~영하 15도 정도인 것으로 밝혀졌다. 나사(NASA)는 2008년까지 달에도 무인 탐사 로봇을 보낼 계획이다. 이 탐사 로봇은 인간의 달 정착을 위한 기초작업과 준비를 하게 되고 늦어도 2020년부터는 인간이 달 기지에 거주하면서 외계 진출을 본격화하게 된다. 달은 제1단계로 '지구의 에너지 생산기지'라는 개념으로 활용된다.

바야흐로 우주시대가 열리고 있고, '생물 존재 가능 영역(Habitable Zone)'은 인위적으로 확대될 것이고, 결국 지리학의 연구 공간도 그만큼 확대될 것이다.

↑ 지구를 살아있게 하는 것은 지표면의 70%를 차지하는 풍부한 물이다(브라질과 아르헨티나 국경을 이루고 있는 이과수폭포).

　최근에는 기존의 지오그래피(geography)에 대한 개념으로 '셀러나그래피(selenography)', '에어리어그래피(areography)'라는 말이 나오고 있다. 글자 뜻 그대로 본다면 지오그래피가 지리학이므로, 셀러나그래피는 '월리학(月理學)', 에어리어그래피는 '화성리학(火星理學)'이 된다. 이들 개념은 달이나 화성을 단순한 우주공간의 행성으로서가 아닌 지구와 같은 인간 생활공간의 하나로서 취급한다는 뜻을 포함하고 있다.
　이제 지리학은 지구만의 전유물이 아닌 듯싶다. 지구지리학, 달지리학, 화성지리학이라고 불러야 할 때가 오고 있는 것이다.

지구와 우주의 지리적 경계

Geography

고도가 높아지면 공기(대기)밀도가 낮아진다. 이것은 지구 인력이 약해지기 때문이다. 그러면 상공의 대기량은 얼마나 될까? 지상에서는 7만 6,070**토르**(Torr, 水銀量)이지만 고도 16km에서는 이것의 1/10이 된다. 고도 30km에서는 1/100이 되는데, 이 근처가 바로 '우주를 개발한다'고 할 때의 우주에 해당하는 곳이다. 또한 지구 생명체를 지켜주는 성층권의 오존(O_3)층이 존재하는 곳이기도 하다.

과거에는 각종 기상현상이 일어나는 대류권까지를 지리적 영역으로 삼았다. 그러나 오존층이 지구 생명체에 기본적인 영향을 준다는 것이 밝혀진 이후에는 성층권까지 그 연구 대상 지역이 확대되었다.

고도 50km가 되면 공기밀도는 다시 1/1,000이 되고, 100km에서는 1/100만, 500km에서는 1/1억이 된다. 우주는 진공이라고 하지만 대체로 1cm³당 양자(陽子) 등의 입자가 1개라고 한다. 지상에서의 입자 수는 1cm³당 1,019, 즉 100조의 10만 배 개가 된다. 현재 진공 팩 등으로 실현하고 있는 지상의 진공은 기껏해야 대기 입자 수의 1/100조이다. 아직 10만 개 정도의 대기 입자가 진공 팩

대기 압력의 단위
1토르=101,325/760파스칼(pa), 1파스칼=1뉴턴 압력(n)/m²

속에 남아 있는 셈이다. 우주에서 진공 실험을 하는 이유는 이 때문이다.

우주에도 지구와 마찬가지로 수소에서 우라늄까지 92종의 원소가 존재한다. 이는 우주로부터 오는 전파나 빛의 스펙트럼 분석 등을 통해 알게 된 것이다. 그중 가장 많은 것은 수소이다. 빅뱅 후 형성된 최초의 원자인 양자의 20%만이 헬륨 형성에 사용되었고, 나머지 양자들은 전자를 하나 붙잡아 수소가 되었다.

그러면 왜 양자 중 20%만이 헬륨 형성에 사용되었을까? 우주의 빅뱅 직후 극히 짧은 시간에 양자가 대량으로 만들어졌고 이들은 여전히 고열(高熱) 상태에서 융합하여 헬륨 원소로 변하였다. 우주 생성 시기에 어느 정도 고온이었는가는 접어두고, 어쨌든 전체 수소량의 20%가 헬륨으로 변한 시점에서 온도가 지나치게 내려가자 헬륨 생성이 중지된 것은 아닌가 과학자들은 추측하고 있다.

지구 상에서 우리에게 중요한 산소나 탄소가 우주에서는 얼마나 될까? 우선 호흡에 필요한 산소는 우주에서 수소, 헬륨에 이어 세 번째로 많다. 또한 유기물의 기본 원소인 탄소는 산소 다음으로 많고 대기의 주성분인 질소는 6위, 지각을 구성하는 주성분인 규소는 8위, 그리고 철은 9위로 많다.

다만 우주가 지구와 다른 점은 지구에서는 희귀한 불활성 가스가 우주에는 가득 차 있다는 점이다. 예를 들면, 지구에서는 희소가치가 높은 헬륨이 우주에서는 2위로 많고, 네온은 5위, 아르곤은 11위로 많다. 이러한 원인은, 이들 희귀 가스가 다른 원소와 결합하기 어려운 불활성 가스이기 때문에 다른 원소와 결합하여 지각 내에 머무르지 않고 지구에서 우주로 빠져나가기 때문이라고 한다.

신비로운 자연의 세계

제2부 결코 태평하지 않은 태평양

갈라지는 대륙, 사라지는 바다

Geography

판타라사

지구 상의 요철(凹凸)을 모두 평탄하게 펴보면 육지는 없어지고 2,600m 깊이의 바다만 남는다. 대륙이 만들어지기 이전에 이와 같은 시대가 있었다고 주장하는 이론에서는 이 바다를 판타라사라고 불렀다. 금세기 초까지만 해도 이 설이 받아들여졌지만 지금은 잊혀졌다. 20세기 후반에 들어와서는 고생대 말~중생대 초에 걸쳐 존재했던 판게아에 대응하여, 판게아 이외의 공간, 즉 초해양을 판타라사라고 부르게 되었다.

판게아와 판타라사

지구 상의 대륙이 처음부터 지금의 모양으로 이루어진 것은 아니었다. 먼 옛날 지구는 거대한 하나의 대륙으로 붙어있었고 이것이 점차 분열되어 지금과 같은 형태가 되었다. 이것을 뒷받침해 주는 것이 바로 '대륙이동설'이다.

베게너(Wegener)는 『대륙과 대양의 기원』에서 대륙이동설을 주장하면서, 대륙이 분열하기 이전의 대륙, 즉 '초대륙'을 판게아(Pangaea)라고 불렀다. 판게아는 그리스어로 '보편적인 세계'를 뜻한다. 이 대륙은 고생대 말기까지 존재했다고 한다. 당시 지구 상의 대륙이 판게아라고 하는 하나의 대륙으로 존재했다는 말은 지금의 몇 개로 분류되는 바다 역시 하나의 거대한 바다로 존재했다는 것을 뜻한다. 판게아에 대해 이 거대한 초해양을 판타라사(Pantalassa)라고 한다. 대륙이동이 일어나기 전, 지구는 판게아와 판타라사라고 하는 거대한 육지와 바다로 이분되어 있었던 것이다.

판게아 중 고생대 후기부터 중생대에 걸쳐 남반구에 모여있던 대륙을 곤드와나 대륙(Gondwana land)이라고 한다. 이것은 현재의 남아메리카, 아프리카, 오스트레일리아, 남극 대륙, 인도 반도, 마다가스카르 섬 등을 포함하는 대륙이다. 이들 대륙이 후에 분열·이동되어 현재의 대륙 분포가 되었다는 것인데, 식물군이나 빙상(氷床) 분포 등의 연구 결과가 이를 뒷받침해 준다. 즉, 아프리카 같은 경우 현재는 열대기후지역으로서 빙상이 전혀 존재할 수 없음에도 불구하고 빙상의 흔적이 발견된다. 그렇기 때문에 과거 이들 대륙이 남극 지방에 위치해 있었고 점차 이동하여 지금의 위치에 이르게 되었다고 보는 것이다. 또한 이들 여러 대륙이 현재는 바다에 의해 서로 멀리 떨어져 있음에도 불구하고 지층에 남아있는 지사(地史)의 기록, 특히 고생물 분포에 많은 공통적인 특징을 갖는 것은 이들 대륙이 한때는 한곳에 모여있었다는 증거가 된다.

이러한 이유를 들어 쥐스(Eduard Suess)는, 이들 대륙 덩어리가 중생대의 어느 시기까지는 하나의 초대륙의 각각 한 부분을 이루고 있었으며 그 후 각각의 사이가 해양이 되었다고 주장했다. 그 지층의 하나가 인도의 곤드와나 지방에 있기 때문에 그는 이 초대륙을 곤드와나라고 명명하였다. 그 뒤 1920년대에 들어와 베게너는 대륙이동설을 설명할 때 이 남반구의 오래된 대륙을 곤드와나 대륙이라 다시 정의하여 명명하였다.

한편 판게아의 북쪽에는 곤드와나 대륙과는 다른 또 하나의 대륙 집단이 있었는데 이것이 로라시아(Laurasia) 대륙이다. 현재의 유라시아 대륙과 북아메리카 대륙이 이에 속한다. 현재의 인도는 원래 곤드와나 대륙에 속했던 것이 판운동에 의해 점차 이동되어 로라시아 대륙의 일부와 부딪치면서 현재의 대륙 모양이 되었다. 로라시

곤드와나
곤드와나는 '곤즈(고대 인도 부족명)'와 '와나(땅)'가 결합된 말이다. 따라서 곤드와나 대륙은 '역전앞'과 같은 중복어이다.

2억 년 전의 판게아와 판타라사(Frank press 외, 1978)

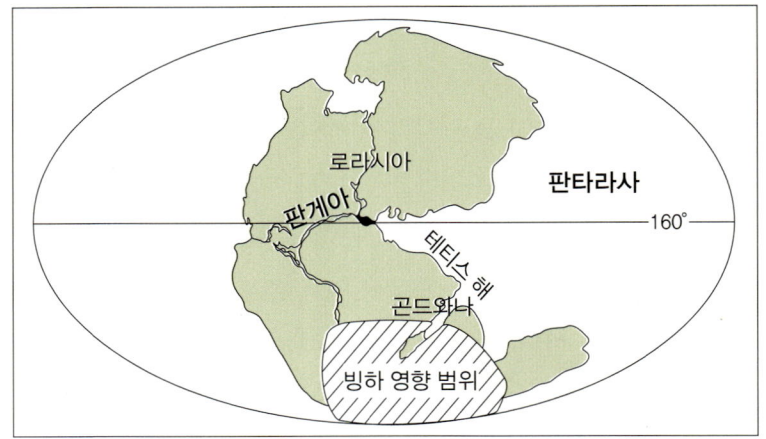

아보다 곤드와나가 일반에게 더 유명(?)해지게 된 것은 규모가 크고 활동이 왕성했기 때문이다.

판게아를 구성한 두 대륙 사이의 동쪽에는 판타라사와 구분되는 작은 바다가 있었는데, 이것을 테티스 해(Tethys sea)라고 한다. 대륙이 이동될 때 아프리카 대륙이 북쪽으로 이동하면서 유라시아 대륙과 만나게 되는데 이로 인해 그 사이에 있던 테티스 해는 점차 축소되었고 지금은 지중해로 존재하고 있다.

히말라야 황색 띠의 비밀

히말라야는 지구 상에서 가장 높은 산봉우리들을 갖고 있는 지상 최대 산맥이다. 그런데 흥미로운 것은 이 히말라야가 과거에는 '바다의 바닥'이었다는 점이며, 그 증거가 바로 황색 띠(yellow band)이다. 황색 띠는 석회암으로 되어있는데, 이 석회암이라고 하는 것은 해저에서 만들어진다. 해저에서 산호충은 이산화탄소를 이용하여 석회질 몸체를 만들고 이들의 유체 등이 쌓이면 소위 생물지형(生物地形)이라고 부르는 산호초가 만들어진다. 이 산호초가 쌓여 최종적으로 만들어진 것이 바로 석회암이다.

히말라야가 과거에 해저였다는 대표적인 증거는 이 산맥 높은 지역 곳곳에서 삼엽충, 암모나이트 등의 고생대·중생대의 해양생물 화석이 발견되고 있다는 것이다. 이들 화석은 히말라야 산맥 일대에서 가장 인기 있는 관광 상품으로 판매되고 있다.

우리는 화석이라고 하면 고생대=삼엽충, 중생대=암모나이트를 떠올린다. 그렇다면 고생대에는 삼엽충, 중생대에는 암모나이트밖에 없었다는 이야기인가? 아니다. 다른 생물도 있었지만 이들만이 유명해진 것은 이들이 표준화석이기 때문이다. 표준화석이란 그 시대밖에 살지 않았거나 그 시대를 특징짓는 생물의 화석을 말한다.

그러면 어떻게 해저였던 이곳이 세계에서 가장 높은 산봉우리가 되었을까?

이는 판구조론(plate tectonic)에 근거한다. 판구조론이란 지구의 구조면에서 맨틀 위에 있는 지각(地殼)이 몇 개의 분리된 판(板)들로 구성되어 있고 이 판들이 액체 상태의 맨틀 위를 떠다니며 서로 분리되거나 충돌하면서 여러 지형을 만들어놓는다는 이론이다. 세계지도에서 볼 수 있는 대륙과 해양의 분포, 지진과 화산폭발 등은 모두 판구조론에 따른 판운동과 관련이 있다.

지구는 반지름이 6,370km 정도의 둥근 공 모양으로 중심에 핵이 있고 그 주위를 용암과 같은 맨틀이 둘러싸고 있으며 그 바깥쪽에 약 30km 두께의 지각이 있다. 우리들은 바로 이 지각 위에서 살아가고 있는 것이다. 그러나 지각은 맨틀 위에 떠있는 것과 마찬가지

곤드와나의 후손 뉴질랜드

뉴질랜드는 하와이 섬 못지않게 외롭게 떨어져 있는 독특한 땅덩어리 중 하나이다. 이 나라를 이루는 두 섬은 유럽 알프스 산맥 중 가장 높은 곳을 잘라내어 드넓은 태평양 한가운데에 떨어뜨린 것처럼 보인다. 초대륙 곤드와나가 붕괴될 때 한 조각이 떨어져 나와 뉴질랜드의 핵이 되었다. 그 뒤 젊은 지각들이 달라붙으면서 섬은 계속 성장했다. 현재 뉴질랜드는 두 지각판 사이에 걸터앉아 있는데, 서쪽에는 호주판이, 동쪽에는 1만 킬로미터에 걸쳐 태평양판이 앉아있다. 두 판의 이동과 갈등으로 나타난 것이 북섬의 화산과 간헐천들이다. 호주판은 북쪽으로, 태평양판은 서쪽으로 연 40밀리미터씩(크리스트처치의 경우) 이동하는데, 그 결과 땅은 찢어지고 뒤틀린다. 남섬의 알프스 단층이 그 증거로 일종의 남반구판 '샌안드레아스 단층'인 셈이다.

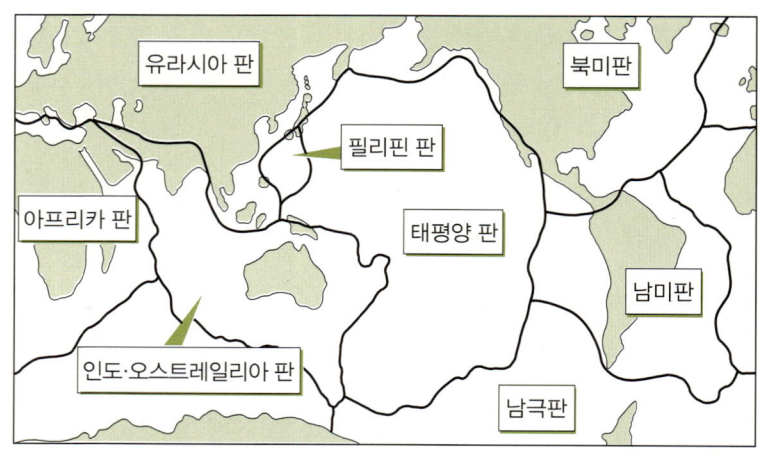

세계의 주요 판(板) 구조: 이 밖에도 크고 작은 판들이 존재한다.

이기 때문에 지각은 고정되어 있지 않고 매우 느린 속도이기는 하지만 끊임없이 맨틀 위를 움직이고 있는 셈이다.

이 지각들은 북극해 위의 부빙(浮氷)처럼 십여 개의 조각들로 구성되어 있는데, 이 조각들 하나하나를 판(板)이라고 한다. 이러한 조각들은 어느 한쪽에 모이기도 하고 흩어지기도 하면서 맨틀 위를 떠다니며 서로 부딪치고 침몰하기를 반복한다. 바로 이와 같은 판들의 움직임에 의해 산이 만들어지기도 하고 지진이나 화산폭발 현상이 일어나기도 하는 것이다.

히말라야 산맥은 이러한 판운동 중 인도·오스트레일리아 판과 유라시아 판이 충돌하면서 바다의 퇴적층이 위로 들어올려져 만들어진 습곡산맥이다. 이같이 들어올려지는 작용은 지금도 진행되고 있고, 이로 인해 에베레스트 정상은 매년 수센티미터씩 높아지고 있다고 과학자들은 주장한다. 그러나 한편으로는 풍화와 침식작용에 의해 산은 조금씩 낮아지기 때문에 무한정 에베레스트가 솟아오르지는 않는다.

유럽과 아시아의 경계는?

한때 넓은 세계를 표현할 때 5대양 6대주라는 말이 유행한 적이 있다. 5대양은 국어사전에서 태평양, 대서양, 인도양, 남빙양, 북빙양으로 되어있다.

옛날에는 세계 바다를 7대양으로 분류하였다. 남태평양, 북태평양, 남대서양, 북대서양, 남빙양, 북빙양, 인도양이 그것이다. 이것이 뒤에 남북 태평양은 태평양으로, 남북 대서양은 대서양으로 합쳐지면서 5대양이 된 것이다. 그러나 남빙양을 태평양, 대서양, 인도양의 연장으로 보아 남빙양이라는 말은 현재 사용하지 않게 되었다. 단, 북빙양은 북아메리카, 유라시아, 아이슬란드로 둘러싸여 독립성을 갖고 있으므로 북극해라는 이름으로 존재하고 있다. 북극해만 양(洋)이라고 하지 않고 해(海)라고 하는 것은 분류학상 **지중해**에 속하기 때문이다.

따라서 현재 세계의 큰 바다는 태평양, 대서양, 인도양, 북극해로 4대양으로 부르고 있다. 이 가운데 특히 북극해를 뺀 셋을 3대양이라고 한다. 이들 3대양 중 가장 넓은 것은 태평양으로 지구 표면적의 32%를 차지하며 대서양은 16%, 인도양은 14%에 달한다. 이들을 합한 면적은 전체 바다 면적의 63%가 된다.

바다로 연결되어 있기는 하지만 태평양과 대서양의 표면 차는 수 미터에 달한다. 이것이 파나마 운하 개통 시 가장 어려운 점이었다는 사실은 잘 알려져 있다.

또, 주(洲)는 국어사전에 지구 상의 대륙을 크게 가른 단위로서 6대주는 아시아 주, 아프리카 주, 유럽 주, 북아메리카 주, 남아메리카 주, 대양 주라고 되어있다. 대양 주는 오세아니아 주를 말한다.

지중해
지중해라는 말은 두 가지 의미를 지닌다.
① 보통명사로서의 지중해: 내해의 일종으로 두 개의 다른 대륙으로 둘러싸인 바다이다. 남지나해, 카리브 해 등이 이에 속한다.
② 고유명사로서의 지중해: 유럽과 아프리카 대륙으로 둘러싸인 해역이다. 우리가 일반적으로 알고 있는 지중해는 이를 말한다.

터키인은 유럽인인가 아시아인인가?

유럽과 아시아를 가르는 지리적 경계선은 우랄 산맥-카스피 해-카프카스 산맥-흑해-지중해 선이다. 이 기준으로 보면 터키는 97%가 아시아에, 3%가 유럽에 속해있다. 그러나 터키는 역사적으로 아시아와 유럽의 경계를 여러 번 오고 갔고 그 결과 두 대륙 문화가 복잡하게 남아있다. 터키는 그 지리적 위치와 관계없이 유럽인이 되고자 한다. 현재 터키는 북대서양조약기구(NATO) 회원국이며 유럽축구선수권대회 멤버로서 이제 최종 관문인 유럽연합(EU) 가입만 남아있다. 영원한 유럽의 식구로 정착할지 아니면 고향인 아시아로 회귀할지 지켜볼 일이다.

이들 대륙은 큰 바다에 의해 구분되는데 예외적으로 유럽과 아시아 대륙은 바다가 아니라 우랄 산맥이 그 경계가 되고 있다.

지금의 유럽 대륙은 고대 대륙 발티카를 모체로 하여 형성되었다. 발티카는 우리가 발틱 순상지(Baltic Shield)로 부르는 곳이라고 생각하면 된다. 이 발티카와 지금의 시베리아 대륙 사이에는 옛날에 또 다른 바다가 있었는데, 데본기에 발티카 대륙과 시베리아 대륙이 합쳐지면서 이 바다는 사라지고 말았다. 그리고 옛날 바다가 있던 자리에 현재 습곡산맥인 우랄 산맥이 형성되었다. 우랄 산맥은 고대 대륙들이 부딪치면서 만들어진 지구의 흉터인 것이다. 시베리아 대륙이 판게아의 중요한 조각임을 깨달은 쥐스는 이 대륙을 앙가라(Angara)라고 불렀다. 우리가 잘 알고 있는 발틱 순상지, 앙가라 순상지 사이에서 우랄 산맥이 태어났고 이것이 결국 유럽과 아시아를 가르는 경계가 되었다. 우랄 산맥은 국경을 무시한 채, 러시아 절반을 자르고 지나가는 고대 습곡산맥이다. 이 산맥은 노바야젬랴라는 북극의 섬에서 남쪽으로 향하면서, 끝없이 펼쳐져 있는 황량한 시베리아 타이가 및 스텝 지대와 서쪽의 러시아 탁상지를 나누고 있다. 유럽과 아시아 사이에는 옛날에 바다가 있었던 것이다.

한반도가 태평양 바닥으로 사라진다?

한반도는 약 5억 년 전, 남반구 중위도인 남위 35도 부근의 오스트레일리아에 붙어있었다. 이 당시 한반도는 열대 얕은 바다 속에 있었으며, 영월·태백 지역에 많이 분포하는 석회암은 이때 만들어진 암석이다. 그 뒤 조그만 땅덩어리가 떨어져 나와 점차 북쪽으로 이동하기 시작했고 약 3억 년 전에는 적도 부근까지 올라왔다. 그리고 약 2억 년 전에는 지금의 북반구 중위도까지 올라와 멈추었다.

그러나 한반도가 처음부터 지금의 모양으로 이루어져 있던 것은 아니었다. 원래는 남부와 북부 두 땅덩어리로 분리되어 있었으며 이 둘이 서로 만나 하나의 한반도가 형성된 것이다. 이 가운데 오스트레일리아로부터 올라온 것이 남부 땅덩어리이며 북부 땅덩어리는 중국(북중국)에 붙어있었다. 이 두 땅덩어리가 쥐라기 때 충돌하면서 붙어 하나의 한반도를 형성하였다는 것이다. 그러면 충돌 현장은 어느 곳일까? 이론이 있기는 하지만 지금까지 조사된 지질학적 자료를 근거로 추정하기로는 임진강 일대가 아닐까 생각하고 있다. 이 임진강대는 북중국과 남중국의 충돌대인 칠링-다비-산둥 선과 연결될 가능성이 있는 것으로 보인다.

시카고대학 고대지리학연구소의 크리스토퍼 스코티즈 연구원은 이와 같은 과거의 대륙변화 요소를 컴퓨터에 입력하여 앞으로의 변화를 추적하고 있다. 이 실험에 따르면 1억 5,000만 년 후에 한반도는 바로 적도 위에 위치하고 일본의 동경은 적도 상에 놓이게 된다. 그 대신 아프리카가 유럽 대륙과 붙게 되어 지중해가 없어지고 아프리카 북단은 북위 60도 부근까지 올라가 추운 지역으로 변한다.

◘ 원생대의 한반도 위치 (한국지구과학회, 1995)

두 개의 중국

중국도 원래는 하나가 아니었다. 북중국과 남중국 둘로 되어있던 땅덩어리가 역시 판운동에 의해 이동하여 충돌하면서 붙게 된 것이다. 북중국과 남중국의 충돌지대는 칠링-다비-산둥을 연결하는 선으로 알려졌다.

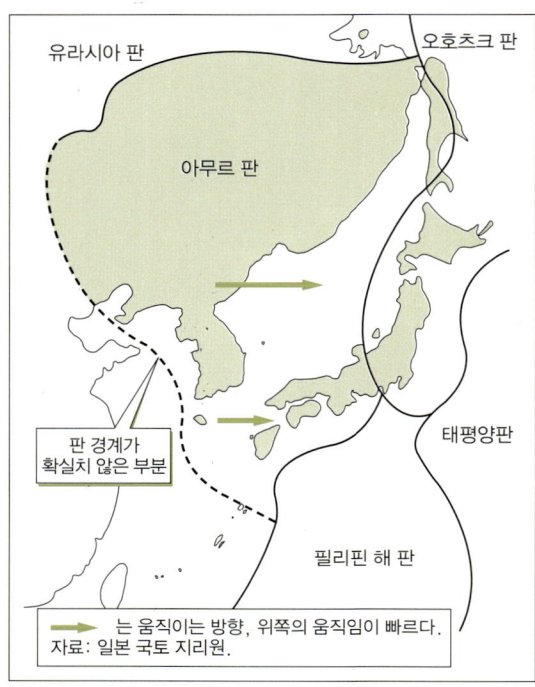

🔼 동진하는 아무르 판

VLBI
Very Long Baseline Interferomerty의 약자로서 '초장기선 전파간섭법'이라고 한다. 최첨단 천문관측방법으로서 1995년 10월 16일부터 11월 2일까지, 한국의 수원과 일본의 이바라키 현 카시마(鹿島) 시 사이의 거리를 측량한 결과 그 거리는 1,223,251.533m로서, 이를 통해 한국과 일본의 거리가 가까워지고 있음을 알게 되었다.

한편 남극과 오스트레일리아는 하나의 대륙으로 통합되며 오스트레일리아는 다시 인도차이나 반도와도 연결되어 시베리아, 중국, 동남아, 오스트레일리아, 남극이 하나로 이어진다. 이때는 태평양 밑의 지각판의 운동으로 대서양은 매우 좁아지고 알래스카가 남하할 것으로 예상된다.

최근에는 한반도가 매년 평균 2.3cm씩 동쪽으로 이동한다는 가설이 제기되어 흥미를 끌고 있다. 1996년 10월 31일 일본 ≪요미우리 신문≫에 따르면 일본 국립천문대와 국토지리원이 인공위성으로 측정한 결과, 한반도와 만주 지방, 일본 열도 서남부는 지금까지의 정설과는 달리 아무르 판이라는 새로운 판 위에 놓여있다는 주장이다. 한반도가 속해있는 이 아무르 판이 동해의 오호츠크 판 밑으로 미끄러져 들어가고 있기 때문에 한반도는 매년 동쪽으로 조금씩 이동한다고 한다. 한일 공동 VLBI 관측에 따르면 최근 100년 동안 한반도와 일본 열도 사이는 4m가량 좁아졌다고 한다. 그렇다면 한반도가 언젠가는 태평양 바닥으로 사라진다는 이야기가 아닌가. 오래 살고 볼 일이다.

흔들리는 땅, 넘치는 물

Geography

결코 태평하지 않은 태평양

샌안드레아스 단층이 있는 캘리포니아는 지구에서 가장 불안정한 '지진의 고장'이다. 세계 최대의 바다인 태평양은 양쪽 가장자리에서부터 서서히 삼켜지면서 줄어들고 있다.

태평양 해안은 '환태평양 조산대'로 불리는 곳으로서 불을 내뿜는 화산과 인간의 터전인 대지를 뒤흔들어 버리는 지진이 끊이지 않는 곳이다. 서쪽 가장자리인 일본의 고베, 동쪽 경계인 미국 캘리포니아의 노스리지에서 이따금씩 빌딩과 도로를 무너뜨리면서 사람들을 공포로 몰아넣는 격렬한 진동은 그 명백한 증거 중 하나이다. 앞으로 5,000만 년 후면 태평양은 어린아이도 훌쩍 뛰어넘을 수 있는 도랑이 될지도 모른다.

태평양과 대서양은 근본적으로 다르다. 태평양은 지각판들이 부딪치는 곳으로서 연안을 따라 험준한 습곡산지가 나타나고, 화산폭발과 격렬한 지진이 일어난다. 이에 반해 대서양 연안은 지각판들이 서로 떨어져 나간 곳으로서 훨씬 안정적이며 화산·지진의 재앙

지진의 크기

지진의 크기, 즉 진도는 지진이 일어날 때 방출되는 에너지를 토대로 한 것이다. 이는 로그 단위로서 진도가 클수록 한 단위 사이의 격차도 더 벌어진다. 즉, 진도 7은 진도 6보다 30배나 더 큰 에너지를 갖는다. 진도는 지진학자 찰스 리히터가 1935년 샌안드레아스 단층의 움직임을 기초로 우리가 지금 쓰고 있는 '리히터 진도' 단위를 만들었다.

은 찾아보기 어렵다. 대서양 연안은 습곡산지 대신에 평상지(table-land)라고 부르는 평탄한 퇴적암이 가깝게 붙어있다. 남아프리카의 카루 통(Karroo Series)으로 불리는 퇴적암은 좋은 예이다. 남아메리카 동남단 브라질의 리우데자네이루, 아프리카 서남단 케이프타운에는 서로 닮은 '헤어진 땅 조각'이 서로를 그리워하며 지금의 자리를 지키고 있다. 지각판이 찢어지는 현상은 지금도 아이슬란드에서 관찰된다.

대륙과 국가는 대부분 일치하지 않는다. 유럽과 아시아 대륙, 그리고 아프리카 대륙은 한 대륙을 여러 나라가 나누어 갖고 있고, 앵글로아메리카 대륙은 미국과 캐나다 두 나라가 차지하고 있다. 호주는 대륙 하나를 독차지하고 있고, 아이슬란드는 더 나아가 두 대륙에 걸터앉아 있다.

대서양에 떠있는 고도 아이슬란드는 국토 한가운데를 열곡대(두 지각판이 서로 밀려나고 있는 지점들을 하나로 이은 선 모양의 지대)가 지나가고 있다. 즉, 섬의 한쪽은 아메리카 판이, 반대쪽에는 유라시

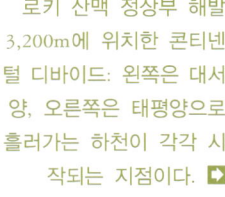

로키 산맥 정상부 해발 3,200m에 위치한 콘티넨털 디바이드: 왼쪽은 대서양, 오른쪽은 태평양으로 흘러가는 하천이 각각 시작되는 지점이다. ▶

아 판이 놓여있고 지금도 확장되고 있는 중이다. 물론 그 속도는 손톱이 자라는 속도, 즉 1년에 수cm에 지나지 않는다. 잘만 찾아보면 한쪽 발은 아메리카를 또 한쪽은 유럽을 딛을 수 있는 장소도 있을지 모르겠다. 북아메리카 로키 산맥 정상부에는 '콘티넨털 디바이드(continental divide)'라는 곳이 있다. 대서양과 태평양으로 각각 흘러가는 물이 나뉘는 곳을 하나의 선으로 그어놓고 있어 관광객들은 재미 삼아 양다리를 양 대양에 걸쳐놓고 기념사진을 찍는다. 아이슬란드 섬 한가운데는 또 다른 형태의 '콘티넨털 디바이드'가 존재하는 셈이다.

홍해가 갈라진 이유

성서에는 '홍해가 갈라지는 기적' 이야기가 나온다. 이는 과학적으로 설명이 가능한가?

'홍해의 기적'은 홍해의 북쪽 끝 습지대에서 일어났던 일로 추측된다. 성서에서는 물이 갈라지게 된 것을 "큰 동풍으로 …… 물이 갈라져"(출애굽기, 14:21)라고 기록하고 있으나, 이를 홍해에서 일어난 쯔나미(tsunami, 津派)에 의한 것으로 보는 학자들도 있다.

쯔나미는 일종의 해일을 말한다. 해일의 원인은 저기압에 의한 것과 지진에 의한 것, 두 가지가 있다. 저기압에 의한 것은 태풍과 같은 저기압이 해안을 통과할 때 강한 돌풍이 불어 해안의 수위가 이상적으로 상승하는 것으로서 만조 때 이 현상이 나타나면 그 피해가 더욱 커진다. 한편 지진에 의한 것은 해저 지진이나 화산폭발, 그리고 대규모 산사태로 거대한 흙더미(土塊)가 바다 속으로 마구

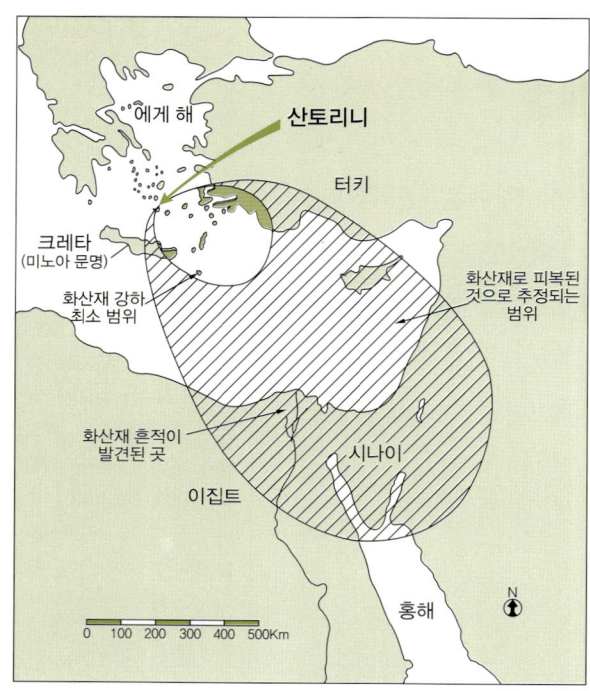

▣ B.C. 1628년의 산토리니 화산 분화와 그 영향
(E. A. Bryant, 1991)

쏟아져 내려올 때 그 충격으로 인해 일어나는 해일을 말한다. 쯔나미는 지진에 의해 발생한 해일을 말한다.

기원전 1628년에는 지중해 크레타 섬 북쪽, 에게 해 남부 소군도(小群島) 중 가장 큰 섬인 산토리니(Santorini)에 대폭발이 있었는데, 이로 인한 쯔나미 현상이 바로 '홍해의 기적'을 일으킨 것은 아닌가 하는 것이 과학자들의 분석이다. 실제로 1883년에 산토리니 분화보다 규모가 작은 크라카토아(Krakatoa)의 분화가 있었는데, 이 분화에 의해 먼 바다와 내륙 호수에 쯔나미가 발생한 적이 있었다.

이스라엘 군사들이 건너갈 때 물이 갈라진 현상은 쯔나미에 의해 해수면이 내려가는 일종의 수위강하(水位降下, drawdown) 초기 현상이며, 뒤에 이집트 군사들이 물에 잠기게 된 것은, 이어지는 같은, 혹은 더 큰 쯔나미에 의해 나타나는 해안 침수현상으로 생각할 수 있다. 쯔나미의 파장은 길기 때문에 수심이 얕은 만입(灣入)부의 경우 이와 같은 침수현상은 내륙 깊숙이까지 일어날 수 있다. 과학자들은 산토리니 분화에 의해 높이 90m 규모의 쯔나미가 발생했던 것으로 추정하고 있다.

바닷물이 차가워지면 쯔나미가 올 징조

2004년 12월 26일 인도네시아 수마트라 섬 북부 바다 밑 40km 지점에서 리히터 규모 9.0의 강진이 발생했고, 그 충격으로 지진성 해일인 쯔나미가 발생했다. 이 쯔나미로 인해 인도양 연안 국가에서 수십만 명이 숨지거나 다쳤고 사상자 중에는 우리나라 관광객들도 다수 포함되어 있었다.

쯔나미는 리히터 규모 6.3이 넘는 지진이 수심 1,000m 이상의 해저에서 일어나야 발생한다. 또 대규모 화산폭발과 지각 함몰이 바다에서 일어나는 경우에도 쯔나미가 발생한다. 진도 규모 8 이상의 지진은 전 세계적으로도 10년에 한 번 있을까 말까 할 정도로 강력한 것이다.

규모 9.0은 제2차세계대전 때 일본 히로시마에 떨어진 원자폭탄 266만 개에 해당하는 힘이다. 이 지진은 인도네시아 해역에서 호주·인도 판과 유라시아 판이 충돌하는 과정에서 호주·인도 판이 유라시아 판 밑으로 파고들어 가면서 생긴 것으로 추정하고 있다. 이 쯔나미를 발생시킨 판의 움직임은 단순한 것이 아니었다. 판과 판이 부딪치면서 해저 지층이 순간적으로 10m가량 위로 솟구쳤고 이 과정에서 바닷물이 파동을 일으켜 해일이 발생하였다.

당시 쯔나미는 발생 1시간 만에 태국, 말레이시아, 인도네시아 일대를 덮쳤고, 3시간 후에는 인도 남부 스리랑카와 몰디브를 지나, 6시간 후에는 진앙에서 4,800km나 떨어진 아프리카 동부 해안의 소말리아와 케냐에도 밀어닥쳐 수백 명의 사상자를 냈다.

특히, 국토의 평균 높이가 1m에 불과한 몰디브는 국가의 존폐가 위협받을 정도의 피해를 입었으며 국가 총인구 28만 명 중 55명이 사망했다.

　이 사건을 계기로 우리나라도 지진과 해일에 많은 관심을 기울이게 되었다. 먼 나라의 일로만 여겼던 지진 대피 훈련, 해일 발생 시 대처 요령 등을 국가적 차원에서 마련하고 실천해야 할 때가 아닐까?

지진 대피 요령

지진이 발생했을 경우 상황에 따라 재빠르게 대처해야한다. ① 욕실이나 화장실: 생각보다 안전지대이다. 당황하지 말고 침착하게 불을 끄고 최소한도의 옷을 입고 대기한다. ② 거리: 간판이나 유리가 떨어져 내릴 수가 있으므로 도로 한가운데로 피한다. ③ 영화관: 재빨리 의자 밑으로 머리를 넣어 잠시 상황을 살핀 뒤 출구로 나간다. ④ 야구장: 당황하여 출입구로 몰리면 더 위험하다. 우선 넓은 운동장으로 대피한다. ⑤ 자동차: 도로 옆에 차를 세우고 엔진을 끈 뒤 문을 잠근 채 차에서 떨어진 곳으로 대피한다. 당황한 나머지 속력을 내어 도망가서는 절대로 안 된다. ⑥ 지하철: 오히려 안전한 곳이므로 침착하게 기다린다. 문을 열고 뛰어 내리면 고압선에 감전되는 등 더 큰 피해를 입는다. ⑦ 해수욕장: 바닷물이 이상하게 차가워지면 쯔나미가 다가올 징조이다. 쯔나미는 진원이 가까우면 몇 분 후에 닥쳐오므로 즉시 해수욕을 멈추고 안전한 곳으로 대피한다.

바닷물은 왜 얼지 않을까?

Geography

"바닷물은 짜기 때문에 얼지 않는다."

맞는 말일까 틀리는 말일까? 보통 바닷물은 육지의 담수(淡水)에 비해 짠 것이 특징으로 평균 염분 농도는 35퍼밀리(‰) 정도이다. 이것은 바닷물 1,000g 속에 35g의 염분이 들어있다는 뜻이다. 그러나 바닷물이 육지의 물보다 항상 짠 것은 아니다. 육지의 호수 중에는 오히려 바닷물보다 훨씬 짠 호수들이 존재한다. 사해나 그레이트솔트 호 등은 바닷물보다 염분 농도가 높은 것으로 유명한데, 이들 호수는 물 1,000g 속에 200g 정도의 염분이 들어있다.

왜 바닷물은 얼지 않을까? 정확히 말한다면 "왜 바닷물은 잘 얼지 않을까?"라는 표현이 더 적절할 것이다. 즉, 바닷물은 얼지 않는 것이 아니라 육지의 담수와 비교했을 때 잘 얼지 않는다는 뜻이다.

물이 어는 것은 대기 온도가 내려감에 따라 대기와 접한 수면의 온도가 빙점 이하로 내려가기 때문이다. 그러나 대기가 영하로 내려간다고 해서 바로 물이 어는 것은 아니다. 대기 온도가 내려가 수면 온도가 떨어지면 수면 부근의 물은 무거워지고 무거워진 물은 자연스럽게 아래쪽으로 가라앉으면서 상대적으로 아래쪽의 물이 상승한다.

이러한 현상을 대류현상이라고 하는데, 이 현상에 의해 수면 부근의 물은 바로 얼지 못한다. 그러나 수온이 내려간다고 계속 물이 무거워지는 것은 아니다. 즉, 물은 섭씨 4도가 될 때 가장 무거워지고 그 이하로 내려가도 더 이상 무거워지지 않는다. 따라서 물의 온도가 섭씨 4도가 될 때까지 대류현상이 진행되다가 그 이하로 떨어지면 더 이상 대류현상은 일어나지 않는다.

그러므로 물의 온도가 4도가 되어 대류현상이 더 이상 일어나지 않게 되면 대기와 접하는 수면의 온도는 대기의 온도를 그대로 반영하여 계속 내려가게 되고 이때 빙점 이하로 떨어지면 물은 수면부터 얼기 시작한다.

일반적으로 호수를 구분할 때, 표면 수온에 따라 1년 중 겨울철 수온이 4도 이하인 것을 온대호, 겨울철에도 4도 이상인 것을 열대호, 여름철에도 4도 이하인 것을 한대호라고 한다. 이때 그 기준을 4도로 잡는 것은 위와 같은 이유 때문이다.

그러나 바닷물(염분 농도 27퍼밀리 기준)의 경우 최대 밀도가 되는 시점은 섭씨 영하 1.33도이다. 즉, 바닷물은 영하 1.33도가 될 때까지 계속 대류현상이 나타나므로 담수에 비해 늦게 어는 것이다.

바다의 화산

Geography

현무암과 산호의 세계 하와이

현무암은 지구에서 가장 흔한 암석 중 하나이다. 태평양 바다은 온통 검은색의 현무암으로 덮여있고 지표면의 2/3도 현무암이다. 태평양의 물을 다 퍼냈다고 가정하고 우주공간에서 내려다본 지구는 푸른 행성이 아니라 검은 행성이다.

하와이는 태평양에 떠있는 대표적인 현무암의 화산섬이다. 하와이 현무암은 규소가 풍부한 솔레아이트(tholeiite)라는 특이한 종류의 현무암이다. 열점(hot spot)에서는 대개 이런 종류의 현무암이 밀려 나오므로 결국 하와이는 열점에서 탄생되었다는 증거가 된다. 열점은 지구 내부 깊은 곳으로부터 약 3,000km 수직으로 솟아있는 일종의 수도관을 통해 마그마가 분출하는 장소이다. 마그마는 '수도꼭지'를 통해 분출되어 화산섬을 만드는데 수도꼭지는 자동으로 열렸다 닫혔다 한다. 길게 열을 지어 늘어선 하와이 섬들은, 이 수도꼭지로부터 멀어질수록 나이가 많은 섬들이며 가장 가까운 곳의 해저에서 어린 섬이 자라고 있다. 이러한 수직 수도관은 세계

⬆ 순상화산 킬라우에아 (하와이): 화산 정상부로서 앞쪽에 화산 분화구 킬라우에아 크레이터가 보인다.

바다 여러 곳에 있는데 우리나라 남쪽 바다에서는 제주도를 만들어 놓았다.

하와이는 우리가 잘 알고 있는 대표적인 순상화산이다. 이러한 지형적 특징은 용암이 마치 물처럼 흐르는 솔레아이트 현무암이 분출한 결과이다. 순상화산체를 만든 후 마그마는 수천 년간 분출을 멈추고 화산 분화는 휴식기에 들어간다. 이 기간 동안 마그마는 솔레아이트 현무암보다 훨씬 점성이 강한 끈적끈적한 알칼리성 조면암(trachyte)으로 변한다. 조면암 속에는 사니딘(sanidine) 같은 알칼리 성분이 풍부한 장석 결정들이 많이 포함되어 있다. 이들 조면암이 분출될 때 화산활동은 더욱 격렬해지고 가파른 분석구를 만들어 밋밋한 순상화산체에 변화를 준다. 순상화산체 곳곳에 나타나는 이질적인 경관은 바로 뒤에 분출한 조면암이 연출한 작품이다.

와이키키는 하와이의 상징이다. 넓게 펼쳐진 흰 모래사장과 야자나무, 그리고 그 그늘에 평화롭게 누워 열대의 태양을 즐기는 사람들, 그림엽서에서 흔히 볼 수 있는 와이키키의 모습이다. 그러나 이

◆ 와이키키 해안

해변의 모래사장은 해수욕객들에게 별로 달갑지만은 않은 존재이다. 우리나라 해수욕장에서는 모래찜질을 즐기고 일어나 툭툭 털면 그만이지만 이곳에서는 한번 달라붙은 모래는 떨어질 줄 모른다. 이곳의 모래는 우리나라 해변에서 흔히 볼 수 있는 석영모래가 아니라 산호모래이기 때문이다. 이는 해변 바깥을 둘러싸고 있는 산호초로부터 제공된 것이다.

물속에 잠겨있는 흰 산호모래는 하늘을 완벽하게 반사함으로써 세상에서 가장 아름다운 남옥 빛으로 물들여 우리들을 매혹한다. 모래가 미처 되지 못한 채 변색된 흰 산호 덩어리는 가끔 현무암 절벽의 곳곳에서 얼굴을 내밀고 있다. 현무암이 분출할 때 산호가 부서지면서 암석 속에 묻혀 들어간 결과로 열대 화산암에서 볼 수 있는 특징적인 경관이다. 그러나 빅아일랜드(하와이 섬) 남쪽 푸날루 해변은 순수한 유리질 현무암 기원의 검은 모래가 검은 진주처럼 반짝이고 있다. 이곳에는 벌거벗은 인간들 대신 바다거북들이 느긋하게 일광욕을 즐기고 있다. 검은 모래가 아침 햇볕에 금방 달구어진다는 사실을 알고 있는 것이 아닐까.

독도는 2,068m

　최근 동해 상의 외딴 바위섬 독도가 온 국민은 물론, 북한과 일본, 중국, 그리고 미국에 이르기까지 전 세계적인 관심사가 되고 있다. 독도는 행정상 경상북도 울릉군 울릉읍 독도리 산 1-37번지에 위치하며, 주 섬의 하나인 서도 중심의 지리 좌표는 북위 37도 14분 19초, 동경 131도 51분 51초이다.

　모두 80여 개의 섬과 암초로 되어있으며, 이들 중 가장 대표적인 섬은 동도와 서도이다. 국제법상 섬이 되기 위한 조건은, 자연식생이 존재하고 식수를 얻을 수 있어야 하며 한 사람 이상의 주민이 거주해야 한다. 물은 서도의 북서부에 위치한 물골에서 유일하게 얻을 수 있다. 전체 면적은 약 5만여 평 정도 되는데 이 중 숲의 면적은 약 2,000평 정도이다. 원래는 바위가 대부분이었으나 인공조림으로 숲을 가꾸어놓았다. 현재 독도 자연 생태계를 보호하기 위해 더 이상의 인공조림은 자제하고 있다. 독도는 1999년 '독도 천연보호구역'으로 지정되었다.

　해발고도를 보면 가장 높은 곳은 서도로서 168m이며, 동도는 98m이다. 섬 전체는 화산섬으로서 경사가 매우 급하여 26도 이상 되는 급사면이 전체의 약 80%를 차지한다. 따라서 배를 타고 접근할 수 있는 곳은 동도의 한 곳밖에 없다.

　독도는 약 460만 년~250만 년 전 해저 화산폭발로 만들어졌다. 현재 우리가 볼 수 있는 물 위에 드러난 독도는 당시 만들어진 거대

해저 화산체의 극히 일부분에 지나지 않는다. 즉, 물 밑으로는 서도의 10배나 더 규모가 큰 높이 1,900m, 바닥의 폭이 24km에 이르는 거대한 원추형 화산체가 자리 잡고 있다. 물 위의 서도까지 합치면 그 높이는 2,068m로서 제주도 한라산(1,950m) 화산체보다 118m나 높다. 한국자원연구소는 이 화산체를 독도해산(海山)으로 이름 붙였다. 독도의 주 섬인 서도나 동도는 이 독도해산의 꼭대기에 있는 하나의 봉우리인 것이다. 그리고 독도해산과 울릉도 사이에는 탐해해산, 동해해산으로 명명한 또 다른 2개의 해산이 더 있는 것으로 해저탐사 결과 밝혀졌다.

최근 연구 보고에 따르면, 이들 독도해산은 시기적으로 울릉도보다 먼저 만들어진 것으로 되어있다. 이것이 사실이라면 지금과는 반대로 울릉도가 독도의 부속도서가 되어야 하지 않을까?

해산(海山)
바다 속에서 솟아오른 산이다. 육지에 있는 산은 그냥 산이라고 하지만 바다 속에 잠겨있는 것은 해산이라고 하여 구분한다. 해산은 바닷물을 모두 퍼내면 육지의 산과 똑같은 모습이 된다. 해산은 물속에 잠겨있기도 하지만 꼭대기 일부가 수면 위로 모습을 드러내기도 하는데 이때 물 위로 나온 것을 섬이라고 한다. 넓은 의미에서 섬은 두 가지로 구분된다. 해산이 물 위로 드러난 것을 양도(洋島)라고 하고, 육지가 바닷물에 잠겨 섬이 된 것은 육도(陸島)라고 한다. 제주도는 육도이며, 울릉도나 독도는 양도이다. 해산은 대부분 현무암과 같은 분출암으로 되어있으므로 양도 역시 분출암(화산암)으로 이루어져 있다. 그러나 육도는 특정한 암질에 국한되지 않는다.

별난 바위들

Geography

리우데자네이루의 상징 슈가로프

브라질 리우데자네이루 해안에는 높이 394m의 거대한 바위산 '슈가로프(Sugarloaf)'가 우뚝 솟아있다. 마치 열대지역의 흰개미집처럼 가파르게 솟아오른 슈가로프 산은 침식되어 사라진 편마암들 한가운데 우뚝 선 화강암 덩어리이다. 포르투갈어로는 '빵드 아수카(Pao de Acucar)', 즉 빵산으로 불린다. 슈가로프는 인디오들이 제단으로 사용했던 성지였으며, 포르투갈이 프랑스 함대 공격에 대비하여 관측소를 설치했던 곳이기도 하다. 1912년에는 스페인과 스위스에 이어 세계에서 세 번째로 케이블카를 설치(1909년 착공)해 놓아 지금은 국내외 관광객들이 즐겨 찾는 훌륭한 세계적 관광자원이 되었다. 케이블카에서 펼치는 액션 연기가 돋보였던 영화 <007 Moon Lake>의 무대가 바로 이곳이다.

이러한 바위산은 지형학적으로 보른하르트라고 한다. 화강암 등의 암석이 풍화될 때 거기에 발달한 절리의 크기나 밀도에 의해 풍화 정도는 달라지고 다양한 형태의 지형이 발달한다. 이때 절리가 거의 발달하지 않은 경우에는 땅속의 암반은 거의 풍화되지 않고 지표로 노출되어 거대한 바위산을 만들게 되는데 이것이 보른하르트이다. 절리는 지각변동을 심하게 받는 곳에서 잘 형성되고 대륙과 같이 지반이 안정된 곳에서는 잘 만들어지지 않는다. 따라서 전형적인 대규모의 보른하르트는 대륙지역에서 잘 관찰된다.

◘ 리우데자네이루의 슈가로프

세계적으로 유명한 대규모의 보른하르트 중 하나는 오스트레일리아 내륙 사막을 지키고 있는 높이 348m의 거대한 바위산 우룰루바위(Uluru Rock)이다. 스리랑카(실론 섬) 중앙부 열대우림지대에 솟아있는 시기리야록(Sigiriya Rock, 높이 195m), 미국 조지아 주의 스톤마운틴(Stone Mountain, 장변 2,500m, 높이 225m) 등은 모두 보른하르트들이다. 시기리야록은 선캄브리아 화강암으로 되어있고 의외로 평탄하고 넓은 정상부에는 5세기에 만들어진 성(城) 유적지가 있다. 보르네오 정글 한가운데 우뚝 솟아있어 세계 각지에서 관광객들이 찾는 키나발루 산은 사방 1,000미터 높이의 절벽으로 이루어진 일종의 보른하르트성 화강암 산지이다.

인도 남부에는 곤드와나 대륙(Gondwana land) 시대에 만들어진 화강암이 넓게 분포하고 파랑상의 평원 위에 석조 유적지를 간직한 보른하르트가 곳곳에 존재한다. 판차 라타(Pancha Rathas)는 이들 보른하르트 바위산 중 하나를 통째로 이용하여 만든 사원이다. 라타들은 원래 하나의 거대한 암산, 즉 보른하르트였지만 인위적으로

판차 라타
라타는 신위(神位)를 모신 가마나 축제 때 끌고 다니는 장식한 수레로서 신이 거주하는 집을 말한다. 이러한 집이 다섯 채 있다는 의미에서 '파이브 라타'로 불리기도 한다.

다섯 조각으로 나눈 다음 각각의 라타를 조각하여 사원의 경내 배치가 되도록 만든 것이다. 라타는 외관만 조각한 것이 아니라 내부까지도 파내어 방을 만들어놓았다. 정원에는 여분의 암석을 사용하여 코끼리나 사자 등의 동물 조각들을 배치하였다.

인도 남부 실론 섬은 곤드와나 대륙이 분리되어 맨틀 대류에 의해 북쪽으로 이동하던 중 인도로부터 떨어져 나온 대륙도(大陸島)이다. 따라서 암질이나 지형은 대륙과 비슷하며 섬의 평원에는 화강암으로 된 보른하르트가 많고 역시 다양한 유적지가 만들어져 있다. 담부라(Dambutla)에 있는 높이 200m 정도의 보른하르트 내부에는 스리랑카 최대의 석굴사원이 만들어져 있다. 이 석굴사원은 산허리에 자연적으로 만들어진 동굴을 이용하여 그 속을 더 파고 들어가 확장하여 불상들을 조각하고 사원으로 만든 것이다.

서울의 북한산 정상에 있는 인수봉, 설악산 울산바위 등은 규모는 작지만 일종의 보른하르트 형태이다. 그러나 우리나라는 지각변

설악산 울산바위

▶ 절리
▶ 설악산 흔들바위

동이 심하고 절리가 조밀하게 발달하는 경향이 있어 거대한 보른하르트는 존재하지 않는다. 경북 군위의 삼존석굴과 경주 석굴암(인공 석굴)과 같이 소규모 바위산을 이용한 경우는 있지만 인도의 석굴 사원들과는 규모에서 많이 다르다. 우리나라보다 지각변동이 더 심하고 절리가 많이 발달하여 풍화와 침식이 강하게 진행된 일본은 보른하르트 같은 바위산을 찾아보기 어렵다. 일본은 우리나라에서 흔히 볼 수 있는 토르(tor)도 거의 없고, 있다고 해도 규모가 매우 작다. 이 영향으로 일본의 석조 문화재는 매우 섬세한 것이 특징이다.

쪼인트와 흔들바위

신성한 국방 의무를 다한 중년의 한국 남자라면 '쪼인트'를 모르는 이는 없을 듯싶다. 물론, 민주화된 현대의 군 생활에서는 상상할 수 없는 일이다. 군대 용어로 "쪼인트를 깐다"라는 말은 무지막지한 군홧발로 정강이를 인정사정없이 걷어차 뼈에 금이 갈 정도가 된다는 뜻이다. 불의의 자동차 사고가 났을 때 겉으로는 멀쩡해도

◼ 도봉산 사과바위

반드시 엑스레이 사진을 찍어보는 것은 뼛속의 조인트 유무를 확인하여 후유증을 막으려는 것이다.

쪼인트라는 말은 영어에서는 'joint'라고 하고 우리말로는 '절리(節理)'로 번역해 쓰기도 한다. 정확한 발음은 물론 조인트이다. 지형학적으로는 단단한 암석에 금이 간 것을 말한다. 이러한 현상은 등산할 때 바위 곳곳에서 본 적이 있을 것이다.

땅이나 바위 속에는 무수한 절리들이 발달해 있다. 암석은 형성 직후부터 계속 풍화작용을 받아 침식·운반·퇴적이라는 순환과정을 거쳐 그 일생을 마감하게 되는데 이를 지형형성작용이라고 한다. 암석에 발달한 조인트는 이 과정에서 풍화에 대한 암석의 저항강도를 결정하는 중요한 인자가 된다.

즉, 땅속으로 물이 스며들어 암석이 풍화될 경우, 절리가 발달한 부분은 쉽게 풍화되어 약해지지만 절리가 거의 없는 암석 부분은 둥근 형태의 암석이 그대로 남게 된다. 이를 지형학적으로 핵석(核石)이라고 한다. 도로공사 현장에서 포크레인으로 땅을 파헤칠 때 푸석푸석한 풍화물질 속에 단단하고 둥글둥글한 바위들이 박혀있는 것을 볼 수 있는데 이것이 바로 핵석이다.

이때 하천 등에 의해 핵석 주변의 풍화물질들이 제거되면 자연스럽게 핵석이 지표로 노출되어 기이한 모습의 바위가 만들어지게 된다. 해골바위, 촛대바위, 솟을바위 등은 모두 이러한 유형으로서 이를 지형학적으로는 토르라고 한다. 오스트레일리아 원주민인 아보리진의 언어에서는 'tor'란 '공깃돌'을 뜻한다. 어렸을 적 가지고 놀던 공깃돌을 연상하면 이해하기 쉬울 것이다. 설악산의 흔들바위, 북한산의 해골바위, 도봉산의 사과바위 등이 대표적인 토르의 예이다.

초고층 아파트에 사는 쉰움산의 비단개구리

강원도에 가면 해발 1,352m의 두타산이 있다. 이 두타산 정상으로부터 지능선 하나가 북동쪽으로 뻗어나가 있는데 그 북쪽 골짜기에는 무릉계곡이, 서쪽 산자락에는 고찰 천은사가 자리 잡고 있다. 이 능선은 동해시와 삼척시의 행정 경계가 되기도 한다.

천은사 대웅전을 지나 가파른 산허리를 2시간여 힘겹게 오르면 그 정상에 해발 688m의 쉰움산이 있다. 아름드리 소나무와 잡목들 사이에서 봄이면 자연 송이를 캘 수 있고, 운 좋으면 산삼도 몇 뿌리 발견할 수 있는 곳이다. 산 이름이 좀 독특한데, 바로 아래 670m 능선부에 쉰우물(五十井), 즉 쉰 개의 우물이 있다고 하여 붙여진 이름이다. 그러나 실제로는 우물은 아니고 상당히 넓은 평탄한 바위 표면에 크고 작은 구멍이 패어있고 일부는 물이 고여있어 그렇게 부르는 것이다. 가로세로 각 폭이 30m, 100m 정도 되는 평탄한 바위 위에 발달한 크고 작은 구멍들은 어림잡아도 300여 개는 되며 그중에서 물이 고여 우물처럼 보이는 것이 쉰 개 정도가 된다. 지름 3m에 이르는 '큰 우물'은 비단개구리들에게 좋은 서식처가 되고 있다. 아파트로 치자면 200층이 넘는 초고층 아파트에 사는 개구리들인 셈이다. 이곳은 오래전부터 기우제를 지내오는 장소이며 무속 신앙인들의 기도처가 되기도 하였다.

◀ 쉰움산의 쉰 우물. 움푹 파인 나마에 표지판을 세워놓았다.

◀ 300여 개의 나마가 발달한 쉰우물 전경

나마

나마는 오스트레일리아 원주민인 아보리진들의 언어로 '구멍'이라는 뜻이다. 나마는 오퍼케셀(opferkessel), 오리상가스(orisangas)라고도 부르는데 이는 북유럽의 옛날이야기에 나오는 '악마가 만든 산 제물을 담는 큰 냄비'라는 뜻이다. 현재 쓰이는 나마라는 용어는, 애들레이드대학의 트위달 교수의 연구(1963)가 계기가 되어 학술용어로 정착되었다.

국립공원인 영암 월출산에는 최고봉인 천황봉 다음으로 높은 해발 720m의 구정봉(九井峰)이 있다. '아홉 개의 우물'이 있는 봉우리라는 의미이다. 그러나 이것 역시 쉰움산처럼 우물은 아니며 평평한 바위에 발달한 구멍들이다.

바위들은 오랜 시간이 지나면서 자연 상태에서 풍화와 침식을 받아 요철(凹凸)이 나타난다. 즉, 침식을 많이 받으면 오목[凹]지형이, 침식을 덜 받으면 볼록[凸]지형이 만들어지는 것이다. 이때 바위에 발달하는 오목지형을 풍화혈(風化穴, weathering pit)이라고 하는데 그 위치에 따라 이름은 각각 다르다. 즉, 벽에 동굴처럼 움푹 들어간 구멍을 타포니(tafoni), 바닥에 우물 모양으로 발달하는 것을 **나마(gnamma)**, 그리고 작은 도랑처럼 위에서 아래로 흘러내린 모양을 한 것을 그르부(groove)라고 한다.

쉰움산이나 구정봉의 '우물'은 이 중 나마에 해당한다. 일부 학자들은 그 모양을 보아 순 우리말로 '바위 가마솥'으로 부르기도 한다. 이들 나마는 과거에는 솔루션 팬(solution pan)이라고 불렸다. 이는 화학적 풍화작용의 하나인 용식(solution)에 의해 만들어진 팬

(pan) 모양의 구멍이라는 뜻으로 부른 이름이었다. 팬은 우리 가정의 주방에서 요리할 때 사용하는 '프라이팬' 모양을 뜻한다. 즉, 깊이가 얕고 둘레가 넓은 원형의 구멍이라는 뜻이다.

그러나 한랭지역에서는 물의 동결과 융해작용에 의한 **물리적 풍화**에 의해서도 형성되고, 반건조지역에서는 식물의 성장에 의한 **생물풍화**에 의해서도 만들어진다는 연구보고가 나온 뒤로는 성인(成因)과 관계없이 형태적인 의미만을 강조하여 나마라는 용어가 쓰인다. 중위도이면서 해발고도가 높은 쉰움산의 경우, 겨울 동안의 적설과 동결, 융해의 반복에 의한 물리적 풍화가 나마 발달에 상당한 영향을 주었을 것으로 생각할 수 있다.

나마는 속리산 문장대, 설악산 울산바위 정상에서도 볼 수 있고 북한산이나 도봉산 바위 평탄면에서 쉽게 발견할 수 있다. 그리고 바닷가에서도 발견되는데, 인천 송도 매립지 앞에 있는 아암도에도 다양한 크기의 나마가 만들어져 있다. 이들 나마에는 오랫동안 물이 고여있을 수 있어 일부 몰지각한 사람들은 천연의 재떨이로 이용하기도 한다.

인왕산 선바위

인왕산은 서울 사람들에게 매우 친근한 산 중 하나이며, 풍수지리적으로는 서울의 백호에 해당되는 산이다. 처음 한양이 수도 서울이 될 때는 이 인왕산을 주산으로 삼자는 의견도 있었지만 결국 지금의 북악산에 주산의 자리를 내주고 말았다. 인왕산은 비록 주산의 지위는 얻지 못했지만 그 뛰어난 산세로 인해 '우백호'의 역할

물리적 풍화
물의 동결과 융해의 반복, 그리고 기타 여러 요인에 의해서 단단한 바위가 잘게 부서지는 현상이다. 암석 고유의 성질은 변하지 않는다는 점에서 화학적 풍화와 구별된다.

생물풍화
식물이 성장하는 과정에서 땅속으로 자라는 뿌리에 의해 화학적·물리적으로 암석이 풍화되는 것을 말한다.

인왕사 석불각 ▶

인왕산 국사당

조선 태조와 여러 호신신장(護身神將)을 모신 무속신당이다. 서울특별시 민속자료 28호이다. 원래 남산 팔각정 자리에 있었으나 조선신궁을 세우려는 일제에 의해 1925년 이곳으로 옮겨졌다. 태조 4년(1395) 남산을 목멱대왕(木覓大王)으로 봉하였기 때문에 조선 시대에는 목멱신사로도 불렸다. 지금도 무당들에 의해 내림굿, 치병굿 등 각종 굿이 행해지고 있다.

을 톡톡히 해내고 있으며, 서울 시민들이 부담 없이 등반을 즐기는 서울의 명소가 되었다.

해발 338m인 인왕산 정상으로 오르다 보면 산 중간쯤인 180m 지점에 '선바위(禪岩)'가 있다. 행정적으로는 서울시 종로구 무악동 산 3번지 4호, 인왕사 석불각 안에 위치하며 서울시 민속자료 4호로 지정되어 있다. 이 바위는 무속신앙의 기도처로서 유명한데, 특히 부인들이 찾아와 아이 갖기를 기원한다는 뜻으로 기자암(祈子岩)이라고도 한다. 일제시대에 남산에 있던 국사당(國師堂)을 이곳 선바위 곁으로 옮긴 후 선바위에 대한 신앙은 무속신앙과 더욱 밀접해졌다. 법으로 금하고 있지만 지금도 이 일대 바위 아래에서는 종종 무속행위가 행해진다.

선바위는 조선 초기 도성을 쌓을 때, 도성 안에 두자는 무학대사와 유교가 성하기 위해서는 도성 밖에 두어야 한다는 정도전의 의견이 첨예하게 대립된 곳으로도 유명하다. 결국 정도전의 뜻대로 도성 밖에 위치하여 지금에 이르고 있다.

바위 모습이 마치 스님이 장삼(長衫)을 걸치고 참선하는 듯하다

◨ 선바위의 타포니
◨ 강원도 양양 죽도의 타포니: 해안가 바위에 마치 동굴처럼 많은 타포니가 형성되어 있다.

하여 선암이라는 이름을 얻게 되었다. 바위를 장삼처럼 보이게 하는 것은 바위에 움푹움푹 들어간 크고 작은 구멍들, 즉 타포니(tafoni) 때문이다. 타포니는 지중해 이탈리아 북서해안의 작은 섬 코르시카 섬 사람들이 이들 구멍을 타포네라(tafonera)라고 부른 데서 기인된 용어이다. 타포니는 암석이 풍화를 받을 때 벽면에 마치 동굴처럼 구멍이 만들어진 것이다. 초기에는 바닷가 바위에서 잘 발견되어 바다에서 공급되는 '소금의 결정작용'에 의해 만들어진 것으로 생각하여 염풍화(salt weathering)라고 불렀다. 지금은 바닷가뿐만 아니라 인왕산 선바위처럼 내륙 산간지역에서도 많이 발견되고 있고 그 형성 원인도 다양하다는 연구가 있어 성인과 관계없이 형태적인 의미로서 타포니가 지리학 용어로 정착되었다.

타포니는 주로 화강암 같은 결정질 암석에서 잘 발달하는 것으로 알려져 있다. 일본의 지형학자 이케다 히로시(池田碩)의 실험적 연구에 의하면 1년에 1mm 정도, 즉 1,000년 동안 약 1m 깊이의 타포니가 만들어진다고 한다. 현재 우리나라 곳곳에 발달한 타포니들은 지금도 왕성하게 성장하는 것으로 알려져 있다.

염풍화
바닷가에서는 바람에 의해 소금물이 운반되다 바닷가 바위의 작은 틈새에 쌓이게 된다. 이 소금물이 증발할 때 소금 결정이 만들어지는데, 이때 부피가 팽창하면서 바위 틈새의 벽에 압력을 가한다. 이러한 작용이 반복되면 바위는 조금씩 헐거워지면서 부서지고 틈새는 점점 넓어져 커다란 동굴 모양의 구멍을 만들게 된다.

사암에 발달한 벌집풍화
(멕시코 칸쿤 이슬라무헤
레스 섬) ➡

결정질 암석
액체 상태의 마그마가 식을 때 마그마에 녹아있던 원소들이 서로 결합하면서 새로운 광물이 만들어지고 이 광물들은 서로 복잡하게 결합하여 다양한 암석을 만든다. 이때 광물을 구성하는 원소가 일정한 관계를 갖고 규칙적으로 배열되어 만들어진 암석을 결정질 암석이라고 한다.

타포니 형태 중, 특히 그 모양이 마치 벌집처럼 되어있는 것은 벌집풍화(honeycomb weathering) 또는 봉소풍화라고 하여 달리 부른다. 암석 중에 사암에서 잘 발달하며, 주로 바닷가에서 많이 관찰할 수 있다.

신비로운 동굴의 세계

Geography

용암동굴은 왜 제주도에만 있는가?

우리나라에는 약 221개의 자연동굴이 분포한다. 자연동굴이란 길이가 10m 이상이면서 어른이 쉽게 드나들 수 있을 정도의 규모를 갖춘 동굴을 말한다. 이러한 자연동굴은 좋은 관광자원이며, 많은 관광객들이 편하게 드나들어야 하는 관광동굴의 경우 1,000m 이상이 되는 대규모 동굴이 개발된다.

자연동굴은 그 만들어진 원인에 따라 용암동굴, 석회동굴, 해식동굴 등으로 나뉜다.

용암동굴은 화산이 폭발할 때 용암이 흐르면서 굳어져 만들어진 것이다. 용암이 멀리까지 흘러갈 때 대기와 접하는 겉 부분은 먼저 딱딱하게 굳지만 그 안에 있는 용암은 아직 뜨거운 액체 상태이기 때문에 계속 앞쪽으로 경사를 따라 전진하게 된다. 이때 용암 분출이 멈추어 용암이 뒤쪽에서 더 이상 공급이 안 되면 뒤쪽, 즉 화산체에 가까운 쪽은 용암이 빠져나간 상태 그대로 텅 빈 공간으로 남게 되는데 이것이 용암동굴이다.

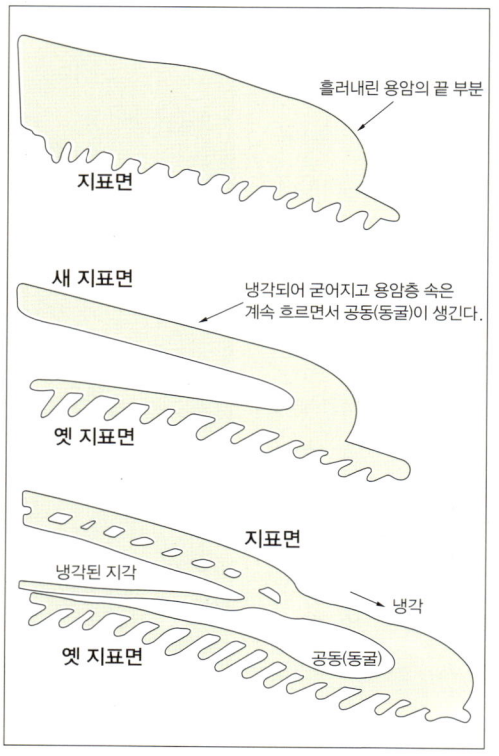

따라서 용암동굴이 잘 발달하려면 용암이 멀리까지 흘러가면서 천천히 식어야 한다. 이러한 성질을 갖는 것이 현무암질 용암이다. 우리나라에서 현무암질 용암이 분출한 화산지형은 제주도와 강원도 철원 일대이다. 그러나 철원 지역은 주변이 산으로 둘러싸여 있어 용암이 멀리까지 흐르지 못하고 계곡을 메웠기 때문에 동굴이 잘 발달하지 못하였다. 이러한 지형을 용암대지라고 한다. 이에 반해 제주도는 한라산에서 분출한 현무암질 용암이 거침없이 멀리까지 흐르면서 대규모의 세계적인 용암동굴 지대가 만들어진 것이다.

일단 만들어진 용암동굴 위로 다시 용암이 흐르면 2층의 용암동굴이 만들어지며, 그 위에 용암이 흐른 횟수에 따라 여러 층의 용암동굴이 만들어질 수도 있다. 이러한 예는 제주도 만장굴에서 잘 볼 수 있다. 또한 용암동굴 안으로 용암이 흘러들어 올 경우 동굴 안에 또 하나의 작은 동굴이 만들어지기도 하는데, 이를 튜브인튜브(tube in tube)라고 한다.

◘ 철원 용암대지와 현무암 협곡(철원군 동송읍, 맞은편 위)
◘ 용암동굴의 형성과정 (맞은편 아래)

가짜 종유굴

지하수에 의해 석회암이 녹으면서 만들어진 동굴을 석회동굴 또는 종유동굴이라고 한다.

용암동굴은 용암이 수평으로 흐르면서 만들어진 것이기 때문에 대부분 긴 터널 모양으로 되어있지만, 석회동굴은 지하수가 땅속으로 스며들어 가면서 암석을 녹여 만들어진 것이기 때문에 동굴이 수직으로 발달한 경우가 많다.

또한 용암동굴은 비교적 내부가 단순하지만 석회동굴은 복잡하고 다양한 것이 특징이다. 석회동굴 속으로는 석회암이 녹은 물이 흐르는데 이 물속에 들어있던 가스 성분이 날아가면, 함께 있던 칼슘 성분만이 동굴 천장이나 벽 또는 바닥에 침전되는데 이를 지형학적으로 스펠레오뎀(speleothem)이라고 한다. 석회동굴이 복잡하고 다양한 것은 이들 스펠레오뎀 때문이며 많은 관광객들이 석회동굴을 찾는 것은 이것의 진기함을 즐기기 위해서이다.

스펠레오뎀은 그 발달 위치에 따라서 천장에 매달리는 것을 종유석, 바닥에서 위로 발달하는 것을 석순, 종유석과 석순이 만나 기둥 모양이 된 것을 석주라고 부른다. 그러나 종유석은 넓은 의미에서

▲ 미국 룰레이 동굴의 스펠레오뎀

는 스펠레오뎀 자체를 뜻하는 말로서도 사용된다. 석회동굴을 종유동굴이라고도 부르는 것은 바로 이 때문이다. 종유동굴이란 종유석, 즉 스펠레오뎀이 있는 동굴이라는 뜻이다.

석회동굴은 보통 열대지역일수록 대규모로 발달한다. 석회암을 녹이는 물질은 토양 속에 들어있는 탄산가스이다. 즉, 빗물이 토양을 통과하면서 그 속에 있던 탄산가스를 함유하게 되고 탄산가스를 함유한 물이 땅속으로 스며들어 서서히 석회암을 녹이는 것이다. 결국 토양 속의 탄산가스 양이 많을수록 석회암은 잘 녹게 되고 동굴이 그만큼 잘 발달하게 된다. 열대지역으로 갈수록 토양 속의 탄산가스 함유량은 증가하므로 일반적으로 냉대보다는 온대·열대지역으로 갈수록 석회동굴이 잘 발달하는 것이다. 우리나라의 경우 석회암이 대량 분포하는 곳은 강원도 남부 일대와 평안도 일대인데, 이러한 이론으로 본다면 북한보다 남한지역의 석회암 지대가 동굴 발달에 더 유리하다.

그러나 용암동굴이면서 스펠레오뎀이 형성되는 이상한 곳도 있다. 제주도의 협재굴, 쌍용굴, 황금굴 등은 용암동굴이지만 동굴 안에서는 각종 종유석, 석순, 석주 등이 만들어지고 있다. 이는 협재해수욕장에 쌓여있던 조개껍질로 만들어진 모래, 즉 패사(貝砂)가 바람에 의해 동굴지대 쪽으로 불어와 동굴 위에 쌓여 일종의 석회암 역할을 해주고 있기 때문이다. 패사에는 많은 석회 성분이 있기 때문에 그 패사층을 통과한 빗물이 다량의 석회 성분(칼슘)을 녹이고, 이들 칼슘을 포함한 물이 지하동굴로 스며들면서 다시 증발되어 여러 가지 스펠레오뎀을 만드는 것이다. 이렇게 원래는 석회동굴이 아니면서 석회동굴 특징이 나타나는 동굴을 가짜 종유굴, 즉 위(僞)종유굴이라고 부른다.

석회암 성분의 침전이 동굴 내부에서만 일어나는 것은 아니다. 지하에 석회암이 있고 그 사이를 뜨거운 지하수가 통과하면서 땅 위로 솟아오르게 될 경우, 뜨거운 물, 즉 용천(hot spring)에 녹아있

◐ 석회화(미국 옐로스톤국립공원): 매머드 핫 스프링스(Mammoth Hot Springs)의 석회화 중 하나로서 리버트 캡(Livert Cap)으로 불린다. 탄산칼슘 성분이 마치 열대기후 지역의 흰개미집처럼 침전되어 있다.

⬆ 옐로스톤국립공원: 지하의 마그마 활동은 지표면에 열을 공급하여 야생동물이 생활하기에 적절한 환경을 마련해 준다.

➡ 석회화를 진행시키는 간헐천(미국 옐로스톤국립공원)

던 석회 성분이 지표 위에 침전되어 다양한 지형을 만들어놓기도 한다. 미국 로키 산맥 정상부에 있는 옐로스톤국립공원은 바로 이러한 특이한 지형이 발달한 대표적인 곳이다. 이러한 작용을 보통 석회화라고 한다.

날씨와 생활

Geography

지후와 시후

매일매일의 기상 상태, 즉 날씨를 관찰했을 때 어떤 특정한 시기 또는 특정한 장소에서 그 나름대로의 특징이나 규칙성이 나타날 때 이것을 기후라고 말한다. 기후는 그 지역에 살고 있는 사람들의 생활과 밀접한 관련을 갖고 있기 때문에 지리학에서 자연환경으로서의 기후에 많은 관심을 기울이고 있는 것은 당연하다.

기후를 영어로는 'climate'라고 한다. 그러나 엄격한 의미에서 보면 기후와 'climate'의 개념에는 큰 차이가 있다.

기후는 한자로 '氣候'라고 쓴다. 동양에서는 오래전부터 1년을 24절기(節氣)로 나누고 각 절기를 다시 3개의 후(候)로 나누어 계절을 구분하였다. 곧 1년은 24기와 72후로 나누어지게 되는데 여기에서 기와 후를 따서 기후라는 말이 생겨난 것이다. 즉, 기후란 동양적인 사고에서 보면 시간의 흐름에 따른 날씨의 변화에 초점을 맞춘 개념이다.

'climate'는 그리스어에서 '기울어지다'라는 뜻의 'clinein'에서

위도대에 따른 태양에너지의 도달량 차이 ▶

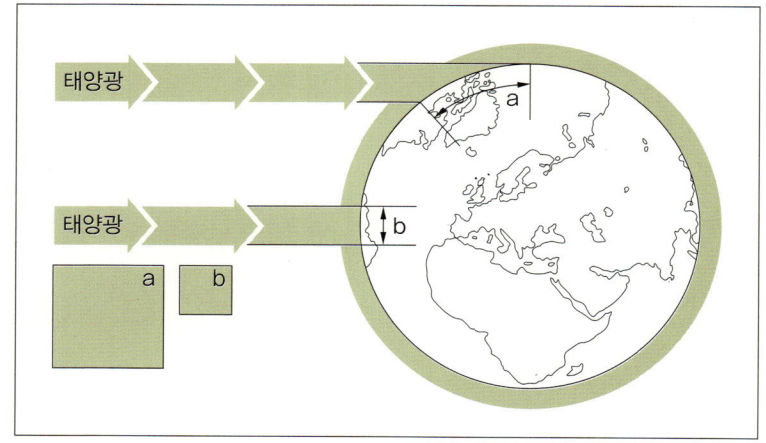

비롯된 말이다. 지구는 둥글고 태양은 워낙 멀리 떨어져 있기 때문에 태양광선이 지구에 비칠 때는 위도에 따라 그 태양광선의 기울기가 달라진다. 즉, 적도에서는 거의 직각으로 지표면에 도달하지만 극지방에서는 비스듬하게 지표면에 도달한다. 따라서 같은 1시간 동안 태양광선이 비치더라도 적도는 더욱 빨리 가열되어 더운 기후가 되지만 극지방은 그 양이 미약하여 추운 기후가 되는 것이다. 그뿐만 아니라 지구 자전축은 약간 기울어져 있고 이로 인해 지구 자전에 따른 기후변화가 다양하게 나타난다. 어쨌든 이러한 'climate' 개념은 클리마타(climata) 개념으로 발전하는데, 이는 위도에 따라 나타나는 7개의 대(帶)를 의미하는 것으로서 오늘날의 '위도대(緯度帶, climatic zone)'에 해당하는 것이다.

즉, 동양에서 사용하는 기후라는 말은 계절의 변화에 초점을 맞춘 말인 데 비해, 서양에서의 'climate'는 위도대에 따른 기후 특성을 강조한 말인 것이다. 전자가 기후의 시간적 의미를 강조한 것이라면, 후자는 기후의 공간적 의미를 강조한 것이라고 할 수 있다.

중국을 중심으로 하는 동양에서는 사계절의 변화가 뚜렷하고 농업 위주의 삶을 영위하였으므로 시간의 흐름에 따른 기후변화에 관심을 기울이지 않을 수 없었다. 농작물의 파종·수확 시기를 정확히 파악하지 못하여 그 기회를 한번 놓치면 1년 농사를 망치게 되고 이는 생존 자체를 위협할 정도로 치명적일 수밖에 없기 때문이다. 그러나 유럽을 중심으로 한 서양에서는 서안해양성기후에서도 알 수 있듯이 기후의 계절변화보다는 위도대에 따른 기후변화 특성이 강하게 나타났다. 따라서 이들 지역에서는 온화한 기후를 이용하여 목축 위주의 삶을 살았으므로 동양보다는 기후의 계절변화에 큰 신경을 쓰지 않아도 되었다.

이런 측면에서 동양적 사고의 기후를 시후(時候), 서양적인 개념의 기후를 지후(地候)라고 부르자는 의견도 있다.

매우, 취우, 삽우

한국, 중국, 일본에 여름철 많은 비를 뿌리는 장마의 근원이 되는 수증기는 어디서 오는 것일까? 현재 인정받는 학설에 의하면 멀리 아라비아 반도 남쪽 북인도양에서 증발된 수증기가 장맛비의 원천이라고 한다.

겨울철 북동풍이 아주 약하게 부는 북인도양에서는, 계절이 바뀌어 초여름 5월이 되면 남서풍이 서서히 불어오기 시작하고 6~8월이 되면 더욱 강하게 분다. 한여름이 되면 북인도양에서 수증기 발생이 왕성해지고 이 수증기는 남서풍을 따라 인도 대륙을 서에서 동으로 가로질러 이동한다.

인도 대륙을 지난 북인도양의 남서풍은 인도 동쪽 벵골 만에서 수증기를 보충받아 동쪽으로 이동한다. 여름철만 되면 방글라데시에 대홍수가 발생하여 수천 명의 이재민이 생겼다는 보도를 접하게 되는데, 그 홍수의 근원은 바로 북인도양에서 인도를 건너와 벵골 만에서 보충된 수증기인 것이다. 이 중 계속 동쪽으로 이동한 수증기는 중국 대륙 남쪽의 남지나해, 동지나해와 필리핀 해에서 발생된 수증기와 합쳐 동쪽으로 이동하면서 우리나라 일대에 장맛비를 내리는 것이다.

그러나 최근까지는 우리나라의 장마 원인을 중국의 양쯔 강 기단, 북태평양 기단, 오호츠크 해 기단의 영향으로 설명해 왔다. 즉, 6월 북태평양 기단이 확장하면서 태평양의 수증기가 남서풍을 타고 올라오다가 북쪽의 기온이 낮은 오호츠크 해 기단을 만나 장마전선이 형성되어 비를 내린다는 것이다. 그리고 두 기단이 힘을 겨룸에 따라 장마전선도 남북으로 오르락내리락하면서 비를 뿌린다는 것이다. 이와 같은 설명이 잘못된 것은 아니지만 대기대순환적 관점이 아니므로 분석 규모가 작고 국지적이라는 비판을 피할 수 없다.

우리나라의 장마는 6월 25일쯤 시작하여 7월 말에 끝나는데, 북한이 6월 25일에 전쟁을 일으킨 것은 우연이 아니라 장마가 내리는 우기를 택했다는 이야기도 있다.

매우(梅雨)는 '매화의 비'라는 의미를 갖는 말로서 '장마'를 뜻한다. 매화는 보통 4월에 잎이 나기 전에 꽃을 피우고 열매를 맺으며 7월이 되면 황색을 띠면서 익기 시작하는데, 이때 중국 창장 강 일대에서 발달한 저기압이 동쪽으로 세력을 뻗쳐 우리나라, 일본까지 뒤덮으면서 소위 장마전선을 형성하고 많은 비를 내린다. 이처럼 매실이 누렇게 익을 때 내리는 비라고 해서 이를 매우 또는 황(黃)매우라고 부르게 된 것이다. 매우는 영어로 바이우(Baiu)라고 발음하여 국제적으로 쓰이고 있다. 발음이 같은 곰팡이 매(霉) 자를 써서 매우(霉雨)라고도 하고, 장마 림(霖) 자를 써서 임우(霖雨)라고도 하며, 오랫동안 쌓인 비가 한꺼번에 내린다고 하여 적우(積雨)라고도 한다. 소나기는 취우(驟雨), 가랑비는 삽우(霎雨)라고 한다.

태풍과 하수구

태풍의 진행 방향에서 보았을 때 그 오른쪽이 태풍의 영향을 더욱 강하게 받는 것으로 알려져 있다. 이는 태풍 자체가 시계 반대방향으로 태풍 중심을 향해 불고 있는 강한 비바람 덩어리라는 특징 때문이다.

태풍의 진행 방향 오른쪽에서는 진행 방향 앞쪽에서 맞부딪치는 바람과 태풍의 시계 반대방향으로 부는 바람이 서로 정면으로 맞부딪쳐 강한 소용돌이를 일으킨다. 이러한 태풍의 특성에 따라 태풍 진행 방향의 오른쪽을 '위험 반원', 왼쪽을 '가항(可航) 반원'이라고 한다. 따라서 태풍 진행 방향 오른쪽에 있는 지역에서는 더욱 완벽한 대비를 해야 한다. 우리나라로 접근하는 태풍이 대부분 중국의 동쪽 해상인 황해를 통해 북상하여 소멸되지만 중국 동해안에서는 태풍에 따른 큰 피해가 나타나지 않는다든지, 한반도를 태풍이 통과할 경우 경상도 지방이 특히 피해를 많이 입는다든지 하는 것은 바로 이러한 이유 때문이다.

태풍은 중심기압이 낮을수록 태풍의 급이 올라가며 강한 소용돌

코리올리 힘

지구 표면에서 어떤 물체가 움직일 때 그 움직이는 방향과 90도 되는 방향으로 작용하는 가상의 힘을 말한다. 이는 지구가 자전을 하기 때문에 나타나는 현상으로서 북반구에서는 오른쪽 90도 방향, 남반구에서는 왼쪽 90도 방향으로 작용한다. 적도에서 그 값은 0이며 극지방으로 갈수록 커진다. 보통 전향력(轉向力)이라고 부른다.

이를 일으킨다. 태풍이나 회오리바람, 그리고 하수구로 빠지는 물 등은 일정한 방향으로 회전을 하게 되는데, 그 회전 방향은 남·북반구에서 정반대로 나타난다. 즉, 북반구에서는 시계 반대방향으로 회전하지만 남반구에서는 시계방향으로 회전한다. 이는 서쪽에서 동쪽으로 회전하는 지구 자전현상과 이에 따른 일종의 관성력인 **코리올리 힘** 때문이다.

욕조에 가득 찬 물이 하수구로 빠질 때 우리나라에서는 시계 반대방향으로 돌면서 빠지지만, 뉴질랜드에서는 시계방향으로 돌면서 빠진다. 그러나 욕조의 배수는 작은 규모의 현상이기 때문에 여러 변수가 작용하므로 반드시 그렇지는 않다.

미국 MIT의 한 과학자는 두 가지로 실험을 해보았다. 우선 호스를 이용하여 의도적으로 시계방향으로 물이 회전하도록 하면서 욕조에 물을 채운 뒤 바로 배수하였더니 물은 시계방향으로 그대로 빠져나갔다. 코리올리 힘보다 물 자체의 운동력이 강하여 북반구인데도 코리올리 힘이 작용하지 않은 것이다. 한편 똑같은 방법으로 물을 채워 넣고 한참 뒤에 배수를 하였더니 이번에는 시계 반대방향으로 물이 돌면서 빠져나갔다. 이 경우 물의 운동력은 사라지고 코리올리 힘이 작용한 것이다.

함박눈이 내리는 날은 거지가 빨래하는 날

"함박눈이 내리는 날은 거지가 빨래하는 날"이라는 말이 있다. 한겨울 날씨 중에서 함박눈이 내리는 날은 그만큼 따뜻하다는 이야기이다. 그러나 사실은 함박눈이 내리는 날이 따뜻한 것이 아니라 따뜻한 날이기 때문에 함박눈이 내리는 것이다.

그 이유는 무엇일까?

눈이나 비가 내리는 것을 기후학적으로 강수현상이라고 한다. 넓은 의미에서는 안개, 서리, 이슬까지도 강수현상에 포함한다. 안개비라는 말을 쓰는 것도 이와 관계있다. 남아메리카의 아타카마 사막에서는 이 안개를 이용, 인공비를 내리게 하여 생활에 이용한다. 즉, 해안으로부터 불어오는 짙은 안개가 통과하는 지점에 그물을 쳐놓으면 이 그물에 안개가 달라붙어 이슬이 되고 이것을 한군데로 모아 상수도원으로 이용하는 것이다.

강수현상을 설명하는 이론에는 빙정설과 병합설이 있다.

빙정설은 대기 중에 얼음 결정체, 즉 빙정(氷晶)과 과냉각(過冷却)된 물방울이 함께 있을 경우 대기는 물방울로부터 수분을 빼앗아 습도가 높아지고 반대로 얼음 입자는 대기 중의 수분을 흡수하여 커지며, 이렇게 점차 커진 얼음 입자가 그 무게를 못 이겨 땅으로 떨어지는 것이 강수현상이라는 이론이다.

병합설은 크고 작은 물방울이 함께 존재할 경우 큰 물방울이 빨리 떨어지면서 주변의 작은 물방울과 합쳐져 점차 커지게 되고 이것이 비가 되어 내린다는 설명이다.

대기 온도가 섭씨 영하 15도 정도로 내려가면 수증기는 승화하여 빙정이 되는데 이 빙정이 성장하고 결합하여 내리는 것이 눈이다. 어느점보다 훨씬 낮은 온도에서도 빙정은 그 표피가 액체 상태로 되어있는데 이들 빙정들이 충돌할 때는 서로 엉겨 붙어 커다란 눈송이로 커지게 된다. 그러나 극히 낮은 온도에서는 빙정 자체가 건조하기 때문에 커다란 눈송이가 만들어지지 않는다. 다시 말해 대기가 따뜻하면 더 많은 수분을 함유할 수 있으므로 같은 눈이라도 함박눈이 내리게 된다. 반대로, 대기가 차가우면 상대적으로 수분 함량이 적기 때문에 눈송이가 작은 싸라기눈이 내리게 된다.

어릴 적 눈사람을 만들 때, 싸라기눈은 함박눈에 비해 잘 뭉쳐지지 않았던 것을 기억할 것이다. 싸라기눈이 내리는 날은 대기가 건조한 상태이므로 잘 뭉쳐질 수가 없는 것이 당연한 이치이다.

겨울에 눈이 많이 내리면 이듬해 여름철 식물의 광합성이 활발해지고 탄수화물 생산량이 많아져 풍년이 든다는 연구 결과(하버드대학 옵시 교수팀)가 나와 관심을 끌고 있다. 겨울철 눈이 많을수록 토양 속에서 대기 중으로 배출되는 이산화탄소의 양이 크게 증가하여 식물 생장에 도움을 준다는 것이다. 눈은 단열재 역할을 함으로써 토양 속의 박테리아 등이 왕성하게 분해활동을 하도록 도와주고, 그 결과 이산화탄소 배출량은 증대되기 때문이다.

"겨울에 눈이 많이 오면 풍년이 든다"라는 옛사람들의 경험적 지리 상식이 실증된 셈이다.

영동 지방에 눈이 많이 오는 진짜 이유

우리나라에서 눈이 많은 곳은 보통 울릉도로 알려져 있지만 실제로 눈이 가장 많이, 그리고 가장 오랫동안 내리는 곳은 태백산맥 일대이다. 스키장이 이곳에 몰려있는 것도 이 때문이다.

목장이 들어서 있는 황병산 일대는 5~6월까지 눈이 내리는 경우가 적지 않고 9월이면 벌써 눈이 오기 시작하여 실제로 이 지역에서 눈이 오지 않는 달은 2~3개월밖에 되지 않는다.

우리나라는 지형 특성상 북서풍이 불 때는 호남 지방, 북동풍이 불 때는 영동 지방에 특히 큰 눈이 내리는데 이때는 폭설인 경우가 많다.

시베리아에서 발원하는 차가운 북서풍은 한반도를 향해 내려오다가 습윤하고 따뜻한 황해를 건너면서 눈구름을 만들게 되는데, 이것이 내륙의 지리산에 부딪쳐서 호남 지방에 많은 눈이 내리게 한다.

오호츠크 해 쪽에서 불어오는 역시 차가운 북동풍은 따뜻한 동해 바다를 건너면서 눈구름을 형성하여 태백산맥에 부딪치면서 영동 지방에 많은 눈이 내리게 한다.

최근 컴퓨터 실험을 통해, 영동 지방에 많은 눈이 내리는 것은 백두산 때문이라는 재미있는 연구 결과(연세대학교 천문대기학과 이태영 교수팀)가 나와 흥미를 끌고 있다.

연구팀은 백두산과 주변 산맥을 컴퓨터상에서 없애고 개마고원도 평지화한 다음에 북쪽에서 바람을 불어오게 하였다. 그 결과 바람은 비스듬히 태백산맥을 넘어가거나 그냥 양 옆을 스치고 지나갔다. 그러나 백두산을 원상태로 복원하고 같은 실험을 한 결과, 바람이 백두산에 부딪치면서 백두산과 개마고원의 동쪽 사면을 끼고 돌면서 갑자기 북동풍으로 변질되었다. 이 바람이 동해 바다를 건너면서 많은 습기를 빨아들여 태백산맥을 넘어설 때 많은 눈을 뿌리는 것으로 나타났다.

눈송이 하나하나는 솜털처럼 가볍지만 이것이 쌓이면 그 무게는 어마어마하다. 17평 지붕 위에 50cm의 눈이 내렸을 경우 그 무게는 7.5톤이 되는데, 이는 몸무게 75kg인 성인 남자 100명이 지붕 위에 올라가 있는 것과 같은 무게다. 눈의 무게를 못 이겨 나뭇가지가 부러지거나 지붕이 내려앉는 일은 흔하고, 전선에 눈이 쌓여 그 무게로 인해 전선이 끊어지는 경우도 가끔 있다고 한다. 전선에 눈이 쌓인 뒤 낮 동안 살짝 녹았다가 밤에 다시 얼어붙으면서 그 위에 눈이 쌓이기를 되풀이하다 보면 엄청난 양의 눈이 쌓여 결국 그 무게로 전선이 힘없이 끊어지게 되는 것이다.

기후변동의 마술

Geography

오존층 파괴는 왜 남극에서 심할까?

프레온 가스의 대기 방출에 따른 성층권의 오존층 파괴가 세계의 관심사가 되고 있다. 특히 남극 상공에는 마치 하늘에 구멍이 뚫린 것처럼 오존층이 얇아진 곳, 즉 오존홀이 발견되어 충격을 주었다. 그리고 이러한 오존홀은 범위가 점차 확장되고 있는 것으로 보고되었다.

성층권에 존재하는 오존층은 태양으로부터 오는 강력한 자외선을 차단시킴으로써 지구 상의 생물을 보호해 주는 중요한 역할을 한다. 오존층이 파괴되면 지구 상에 도달하는 자외선 양이 많아지고 이로 인해 피부암이 급증하는 등 지구 생명체에게 큰 피해를 주게 된다.

1992년 아르헨티나 기상청 발표에 따르면 남극 상공의 일부는 오존층이 완전히 사라졌으며 오존홀 내부의 오존 두께는 1991년에 비해 80%나 얇아졌다고 한다. 1992년 10월 칠레 남단에서 자외선을 측정한 결과 1991년 8월에 비해 200%나 자외선 양이 증가했다는 보고도 있다.

프레온 가스
프레온 가스는 상품명이고 공식적인 용어는 염화불화탄소(CFCs: Chloro Fluoro Carbon molecules)이다.

오존의 생성과 파괴 ➡

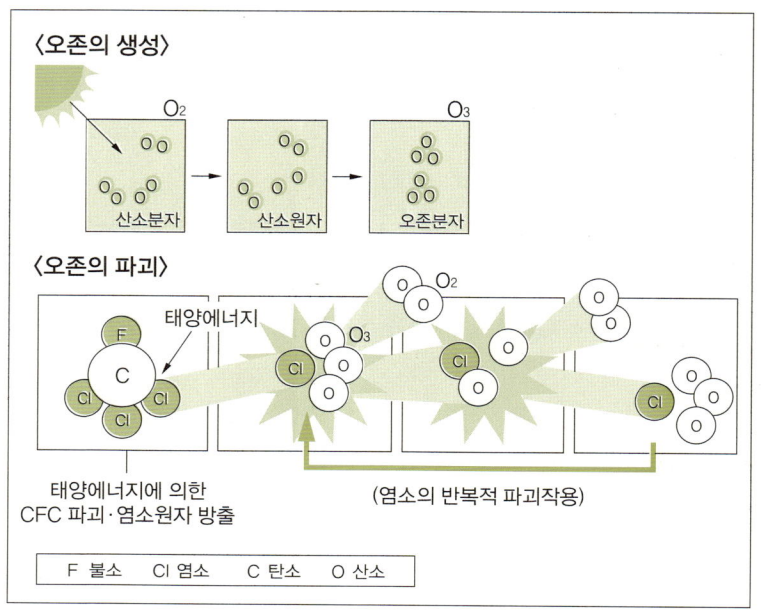

　　오존 농도를 나타내는 것으로는 돕슨 단위(Dobson unit: DBU 또는 DU)가 쓰인다. 1돕슨은 섭씨 0도, 1기압 상태에서 $1cm^2$에 존재하는 오존의 두께를 $10^{-3}cm$로 나타낸 것이다. 즉, 순수 오존 1/100mm에 해당되는 양이다. 지구 전체의 평균 오존 농도는 300돕슨(3mm)이지만 오존의 생성 기구(機構), 대기의 흐름, 지역 등에 따라 다소 차이가 있어서 적도는 260돕슨, 북극은 450돕슨, 남극은 380돕슨 정도 된다. 오존층 파괴는 전 지구적인 현상이지만, 특히 남극에서 현저하게 나타나고 있다. 1989년 현재 남극 대륙 대부분이 오존 농도 200돕슨 이하이며 1987년과 1989년에는 130돕슨인 곳도 발견된 적이 있다.

　　그러면 남극의 오존이 급격히 파괴되는 이유는 무엇일까?

　　그 이유는 남극에는 특유한 기상현상이 나타나기 때문이다. 그리고 그 원인 물질은 프레온 가스에서 기인된 염소이다.

　겨울 암흑 동안 섭씨 영하 90도까지 온도가 떨어지는 남극 대기 중에서는 극성층권운(極成層圈雲, PSC: Polar Stratospheric Cloud)이라고 하는 얼음의 미립자가 생긴다. 한편 프레온 가스에서 기인된 염소 성분의 대부분은 보통 오존을 분해하지 않는 질산염소($ClONO_2$) 또는 염화수소(HCl)로 존재한다. 이들 불활성화합물은 PSC의 표면에서 탈질소작용(denitrification)과 같은 특유의 화학반응에 의해 빛에 민감한 염소분자(Cl_2) 또는 차아염소산(次亞鹽素酸, HOFCl)으로 변한다. 그러다가 봄이 되면 태양이 비치면서 빛의 작용으로 일제히 이들 물질이 분해되어 대량의 염소(Cl) 원자가 만들어지고 이들 염소 원자가 오존을 공격하여 결국 오존이 급속도로 분해됨으로써 오존층이 파괴되어 가는 것이다. 겨울에는 남극 대륙을 둘러싸는 특유의 기류, 즉 극와(極渦)가 발달하는데 이것이 남극 대기를 주변 대기와 차단시켜 기온 저하를 촉진, 결국 PSC 생성을 용이하게 한다는 것도 남극 오존홀 형성에 중요한 요소가 되고 있다. 실제로 극와가 약해지는 11월경에는 오존홀도 감소한다.

　오존층은 지구 대기 중 성층권에 존재한다. 성층권의 상한계는 약 50km이다. 하한 고도는 위도에 따라 다른데 적도 근처에서는 하한계가 높고 극지방에서는 낮다. 이는 대류권의 활동량, 즉 태양으로부터 받는 열량이 많은 곳이 높고, 적은 곳은 낮다는 의미가 된다. 성층권 하한계는 적도에서는 16km이지만 중위도에서는 11km, 극지방에서는 6km 정도로 크게 낮아진다. 극지방의 경우는 성층권 하한계가 에베레스트 산보다 낮다는 말이다. 따라서 제트 여객기가 북극 상공을 통과할 때는 이 성층권을 뚫고 비행하는 셈이다.

극와
주극와 혹은 극소용돌이(Polar vortex, Circumpolar vortex)라고도 한다. 극지방 대류권 중·상부층에 형성되는 저기압을 말한다. 특히 겨울철 성층권에 형성되는 것은 극야와(Polar night vortex)라고 한다. 겨울철에는 일사(日射)가 없기 때문에, 특히 오존층이 냉각되어 강렬한 '저온의 소용돌이'가 형성된다.

규화목

치환작용에 의해 나무 본래의 구조와 조직은 변하지 않고 그 화학성분만 이산화규소로 바뀌어 돌처럼 굳어진 나무 화석이다. 용해된 규산을 많이 포함한 지하수가 나무의 뿌리나 줄기 속에 침투하면 나무의 주성분은 용해되지만 식물체의 구조는 그대로 유지되면서 그 자리에 규산이 침전되어 만들어진다.

공룡의 실낙원 사하라

사하라는 지구 상에서 가장 황량한 사막의 하나이다. 그러나 사하라가 원래부터 지금과 같은 사막은 아니었다. 암석평원이 펼쳐진 황량한 니제르 사막지대에서 발견된 규화목(硅化木), 그리고 공룡의 뼈 화석은 과거의 사하라를 보여주는 좋은 단서이다.

규화목은 호수 등지에 쓰러진 나무가 수분(水分)과 함께 규산(硅酸)을 흡수하여 나무의 세포 하나하나가 이산화규소로 치환(置換)된 것이다. 이것이 땅속에 매몰되어 주위 퇴적물과 함께 암석으로 변하고 그 뒤 수천~수만 년이 지나면서 주위 암석은 침식·제거되고 규화목만 남게 된다. 이들과 함께 발견되는 것 중 놀라운 것 하나가 바로 공룡의 화석인데, 발견된 화석 중에는 길이 1m가 넘는 공룡의 대퇴골 화석도 있었다.

사하라의 과거 모습을 보여주는 또 하나의 증거는 사하라 한가운데에 있는 동굴 속의 벽화이다. 동굴 벽에는 그 시대를 살았던 사람들의 생활상과 대표적인 동물, 즉 소·말·낙타 등이 그려져 있다. 이들은 그 시기에 따라 수렵 시대(B.C. 6000~B.C. 4000), 소의 시대(B.C. 1000~B.C. 1500), 말의 시대(B.C. 1500~B.C. 200), 낙타 시대(B.C. 200~현재)로 구분된다.

옛날의 사하라가 습윤한 지역이었다는 증거는 사하라의 땅속에서도 발견할 수 있다. 인공위성에서 최첨단 기술을 이용하여 사하라 사막의 땅속 사진을 찍어보면 과거 습윤했던 사하라의 지표를 흐른 하천의 흔적이 뚜렷이 남아있다. 사막의 모래는 극히 건조하고 균일한 입자로 구성되어 있기 때문에 레이더파(radar波)를 통과시킨다. 이 성질을 이용하여 사막 아래에 무엇이 숨겨져 있는지를 찾아낼 수 있다. 두께 6m의 모래층을 뚫고 들어가 그 아래쪽의 기반암에서 반사되어 나오는 레이더파를 통해 관찰한 결과, 지금의 나일 강에 필적할 만한 규모의 하천이 깊은 계곡을 따라 흐른 흔적을 발견할 수 있었다. 오늘날에는 상상도 못할, 비가 내리는 습윤한 기후가 과거 이곳에 존재했던 것이다.

현재 사하라 지역 일대에 비를 가져오는 요인은 겨울철 유럽에서 남하하는 한대전선(寒帶前線)과 여름철 기니 만 연안에서 북상하는 **열대수렴대**(熱帶收斂帶, ITC)이다. 그러나 이 두 요소는 사하라 북쪽과 남쪽까지만 영향을 줄 뿐 사하라 내부에까지는 이르지 못한다. 결국 이 두 요소가 미치지 못하는 일종의 공백 지역이 현재의 사하라 사막을 형성하게 된 것이다.

과거에 사하라가 습윤지역이었다는 것은 이 중 어느 한 요소가 사하라 내륙까지 도달했다는 것을 의미한다. 그러면 어떤 요소가 옛날의 습윤한 사하라를 가능하게 했을까? 사하라 사막의 연장 지역인 인더스 강 유역의 과거 습윤화가 여름 강우에 의해 형성된 것이라는 사실이 식물 유체 등을 통해 추정되고 있다. 이로 비추어 볼 때 사하라의 습윤화도 여름 강우, 즉 열대수렴대의 북상과 관련이 있었던 것은 아닐까 추측한다.

사하라는 지금으로부터 8,000~5,000년 전의 고온기에는 습윤한 녹지대였으나 5,000년 전부터 건조해지기 시작하여 지금의 사막으로 변한 것이라는 이론이 있다. 약 8,000년 전에는 세계가 지금보다 섭씨 2도 정도 높았고, 이러한 상황은 약 3,000년간 지속되었으며, 5,000년 전부터 점차 기온이 떨어지면서 건조화가 시작되었다는 이야기이다.

열대수렴대
북반구의 여름에 북동무역풍과 남반구의 남동무역풍이 만나는 불연속선을 말한다. 봄가을에는 적도 근방에 위치하지만, 여름에는 북반구로 이동된다. 이 때 북반구의 적도서풍은 남서풍이 되고, 남반구의 무역풍도 적도를 넘어 북반구에서 남서풍이 되어 결국 남서몬순이 광범위하게 분다.

대륙이동과 사하라의 기후변화

지구 상의 사막은 대기대순환과 관련하여 만들어진다. 대기대순환은 저위도 지역과 고위도 지역 간의 열교환(熱交換)의 일환으로서 나타나는 것으로, 도넛 형태로 지구를 둘러싸고 있다. 적도를 중심으로 남·북반구 각각 두 개의 대칭적인 대기순환 지대가 존재하는데, 적도에 모여있던 과다한 열이 남·북반구 각각 15~35도 쪽으로 건조하고 뜨거운 바람으로 불어가고, 이것이 원인이 되어 이 지대에는 사막이 형성된다. 이 지대를 '건조벨트'라고 한다.

지구의 대기순환 시스템이 만들어내는 건조벨트는, 지구 상에 대기가 형성된 뒤부터 계속 만들어졌다. 따라서 그 건조벨트 아래쪽에 위치한 대륙은 모두 건조한 사막이 될 수밖에 없다.

사하라가 사막이 된 것은 바로 그 벨트에 속해있기 때문이다. 그러나 사하라가 처음부터 줄곧 사막지대였던 것은 아니며, 한때는 '공룡의 낙원'으로 불릴 정도로 숲이 무성한 녹지대였던 적도 있었다. 그러면 무엇이 이러한 기후변화를 가능하게 했을까? 대기순환 시스템이 변했든가 아니면 그 밖의 다른 요인이 있어야 한다.

판구조론에 따르면 대륙은 지구 표면을 이동하고 있다. 그 때문에 어떤 지점에서의 기후는 그곳이 속한 대륙이 지구 상의 어느 곳에 위치하는가에 따라 결정되고 변동되기 마련이다. 오랫동안 수수께끼로 남아있던 사막의 기후변동 원인을 '대륙이동설'로 설명할 수 있게 된 것이다.

니제르를 예로 들어 대륙의 위치와 기후변동의 관계를 살펴보기로 하자.

4억 3,000만 년 전, 생명이 육상으로 진출했을 때 아프리카 대륙

> **열교환**
> 적도 지방은 지구 상의 어느 곳보다도 태양에너지를 많이 받는다. 따라서 다른 지역에 비해 열량이 과다하게 되고, 과다하게 모인 열은 대기대순환이라고 하는 지구 규모의 공기 흐름에 의해 열이 부족한 고위도 지방으로 운반되어 간다.

은 남극 근처에 있었으며, 지금의 남극 대륙보다도 더 큰 빙모(氷帽, ice cap)로 덮여있었다. 그 증거가 되는 것은 사하라 사막 한가운데에 존재하는 빙하지형이다. 빙하가 운반해 온 거대한 돌들이 각 지역에서 발견되고 있는 것이 그 근거이다.

2억 년 전, 초대륙인 판게아가 분열하고 아프리카 대륙은 서서히 북쪽으로 이동하기 시작했다. 따라서 니제르를 비롯하여 사하라의 대부분은 남반구의 건조벨트에서 한 번 건조한 기후를 경험하게 된다. 곳곳에서 이 시대의 붉은 사암(砂岩)층이 발견되는 것으로 이를 알 수 있다.

더욱 북쪽으로 이동한 1억 년 전에는, 니제르는 양 건조벨트(북반구 건조대와 남반구 건조대) 사이의 열대우림기후에 속하게 되었다. 나무가 울창하고 공룡이 번성했으며 큰 하천이 계곡을 침식한 것은 사하라가 이 지대에 있었기 때문이다.

3,500만 년 전, 아라비아 반도는 아직 아프리카 대륙과 분리되지 않은 상태였고, 지중해와 인도양을 연결하는 테티스 해(海)가 존재했다. 동쪽으로부터 불어오는 바람이, 지금은 사라진 이 테티스 해로부터 수분을 흡수하여 사하라 동부를 습윤하게 해주었다. 이때 니제르는 이미 북반구 건조벨트로 들어가 또다시 건조기후를 경험하게 된다. 하천은 말라붙고 큰 호수의 물이 모래에 의해 삼켜졌다. 200~300만 년 전, 사하라는 현재의 모습에 도달했다. 사막은 선캄브리아 시대의 옛 풍경인 동시에 비교적 새로운 풍경이기도 하다.

사하라는 대기대순환 이외에, 대륙이동이라고 하는 지구 독자적인 또 하나의 장대한 메커니즘에 의해 탄생된 것이다.

가평천의 항아리바위

Geography

　가평천은 수도권 주민들이 부담 없이 즐겨 찾는 청정지역의 하나였다. 그러나 요즈음에는 상황이 많이 달라졌다. 완전히 유원지화되어 자릿세를 내지 않고는 마땅히 앉아 쉴 곳이 없다. '항아리바위'만 해도 한여름 피서 절정기에는 2,000원의 자릿세를 내야 둘러앉아 김밥이라도 먹을 수 있다.

　항아리바위는 이름처럼 하천 바닥의 암반이 항아리처럼 파인 구멍이 있는 바위이다. 이는 하천이 흐르면서 자갈이 부딪쳐 마모작용을 일으켜 오목한 구멍이 생기고 이것이 계속 커진 것이다. 구멍 속으로 한번 자갈이 들어가면 나오지 못하고 그 속에서 빙글빙글 돌며 계속 연마작용을 하기 때문에 구멍의 주둥이 쪽은 좁지만 안쪽은 넓은, 항아리 모양의 구멍이 만들어진다. 이들을 지형학적인 용어로 포트홀(pot-hole), 우리말로는 '돌개구멍'이라고 부른다.

　하천 바닥은 마치 천연의 바가지처럼 오목오목한 구멍들이 있고 인접해 있는 이런 여러 개의 구멍들이 서로 확장되어 만나면 그들 사이는 하천의 물이 흐르는 방향으로 서로 연결되어 긴 홈이 파이는 경우도 있다. 이러한 곳은 평탄한 암반으로 되어있어 여름철 물놀이를 즐기기에는 안성맞춤이다.

경남 울산시 삼남면 교동리에는 작괘천(酌掛川)이 있다. 마치 술잔을 엎어놓은 듯한 암석으로 되어있다는 뜻에서 붙여진 이름이다. 이곳은 다듬어놓은 듯이 반들거리는 하얀 반석이 움푹움푹 파여있고 그 반석 사이로 맑은 물이 흐른다. 옛날에는 이곳의 바가지처럼 움푹 파인 반석에다 술을 부어놓고 표주박으로 떠서 서로 잔을 권하며 둘러앉아 마셨다고 한다. 이 바가지 모양의 움푹 파인 구멍이 다름 아닌 포트홀이다.

폭포 아래 기반암 위에서는 폭포의 떨어지는 힘에 의해 이러한 구멍이 만들어지기도 하는데, 이를 폭호(瀑壺)라고 한다. 설악산의 '십이선녀탕' 등이 이에 속한다.

바닷가에서는 파도에 의해 자갈이 마모작용을 일으켜 해안가 기반암에 구멍이 파이기도 하는데, 이는 마린 포트홀(marine pot-hole)이라고 하여 구분한다.

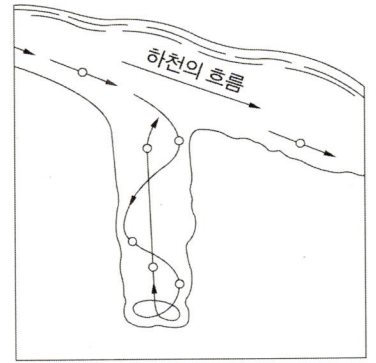

🔺 항아리 바위(가평천)
🔺 포트홀의 발달

울릉도에는 산이 없다

Geography

　국어사전을 보면 산은 '둘레의 평평한 땅보다 우뚝하게 높이 솟아있는 땅의 부분'이라고 되어있다. 그러면 어느 정도 우뚝 솟아야 하는가? 명확한 기준은 없다. 그러나 일반적으로는 절대고도가 아닌 상대고도로 보았을 때 대략 300m 이상을 산이라고 하고 그 이하를 구릉이라고 구분한다. 국어사전식 개념은 절대고도가 아닌 상대고도로 산을 규정하고 있는 것이다.

　절대고도는 평균 해수면으로부터의 높이를 말한다. 이에 대해 상대고도는 해발고도와 관계없이 그 산을 바라보는 사람이 느끼는 고도, 즉 체감고도(體感高度)이다. 예를 들면 태백산맥 줄기에 있는 황병산(강원도 평창군 도암면)의 절대고도는 1,407m이지만 어느 위치에서 보느냐에 따라 그 체감고도는 다르다. 즉, 해안지역인 강릉에서 바라볼 때 황병산은 1,407m 거의 그대로 느껴지지만 대관령 목장에서 바라보는 황병산은 그렇게 높게 보이지 않는다. 대관령의 해발고도는 800m 정도이므로 이곳에서 바라보는 황병산은 기껏 607m 정도의 높이로밖에 느껴지지 않는다는 말이다. 여기에서 1,407m는

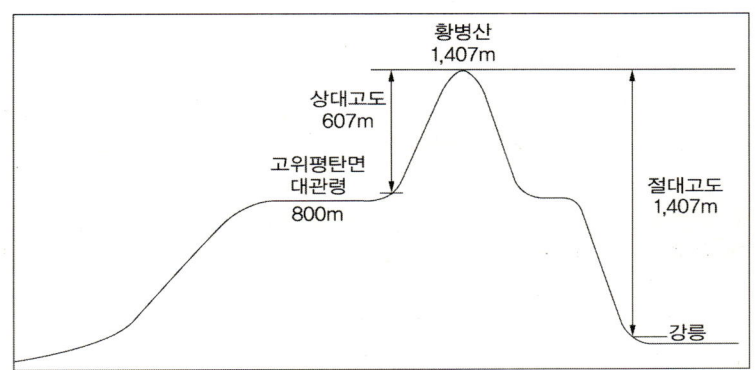

▶ 상대고도와 절대고도

절대고도이고 607m는 상대고도인 것이다. 만약에 대관령 주변에 절대고도 1,000m 정도의 산이 있을 경우 대관령에 살고 있는 사람들은 이를 200m로밖에 느끼지 못하므로 이를 산이라고 볼 수는 없다.

하나의 큰 산은 몇 개의 높은 봉우리로 구성되어 있는 것이 보통이다. 예를 들어 오대산에 올랐을 때 절대고도 1,563m의 고도감(高度感)은 전혀 느낄 수 없다. 오대산의 최고봉은 비로봉이며 오대산의 절대고도 1,563m는 바로 비로봉의 높이이다. 그러나 우리가 부르는 오대산이라고 하는 것은 비로봉만을 뜻하는 것이 아니라 그 주변에 있는 상왕봉(1,493m), 호령봉(1,041m) 등을 포함한 산체(山體) 자체를 말하는 것이다. 진안고원의 마이산은 말의 귀처럼 생겼다는 숫마이봉과 암마이봉을 합쳐 부르는 이름이다. 아이들에게 산을 그려보라고 하라. 십중팔구는 뾰족뾰족한 몇 개의 산봉우리를 연속적으로 그려 하나의 산을 표현하는 것을 볼 수 있을 것이다.

울릉도에는 산이 없다. 봉이 있을 뿐이다. 울릉도에서 가장 높은 곳은 성인봉이다. 이것은 울릉도 자체가 해저 화산분출로 만들어진 것으로서, 성인봉은 독립된 산체라기보다는 하나의 커다란 화산체

진안 마이산의 숫마이봉과 암마이봉 ➡

중 남아있는 하나의 봉우리이기 때문이다. 성인봉 아래 나리분지 가운데 솟아있는 알봉도 그중 하나의 봉우리인 것이다.

제주도의 경우 산방산은 하나의 봉우리로만 된 것이나, 그 자체가 독립되어 있기 때문에 산방봉이라고 하지 않고 산방산이라고 한다.

높고 낮은 봉우리가 연속되어 있을 경우 산체의 경계를 명확히 하기가 어려운 경우가 많다. 산과 산의 경계로 삼는 것은 보통 하천이지만 그 경계가 불분명하여 산들이 연속되는 경우가 있는데, 이를 산맥이라고 부른다. 태백산맥, 소백산맥 등은 그 대표적인 예이며, 연속성이 강한 치악산 일대를 치악산맥, 오대산 일대를 오대산맥이라고 하는 것은 이 때문이다.

봉이 모이면 산이 되고, 산이 모이면 산맥이 되는 것이다.

내 고향 안흥의 구석개울

Geography

내 고향은 찐빵으로 유명한 강원도 안흥이다. 안흥 역시 우리나라 마을 입지의 전통인 **배산임수(背山臨水)** 원칙을 잘 지키고 있다. 마을 뒤쪽으로는 치악산 줄기가 병풍처럼 둘렀고 마을 앞은 남한강 상류의 하나인 주천강이 흐른다. 어른 아이 할 것 없이 온 마을 사람들의 공동 놀이터였던 이 주천강을 우리는 그냥 개울이라고 불렀다.

구석개울은 이 주천강으로 흘러드는 작은 지류 하천의 하나이다. 안흥에서도 가장 깊고 구석에 위치한 오지 마을 둔지말에서부터 흘러내려 오다가 마을 한가운데를 지나 주천강으로 흘러든다. 아마 큰 개울로 흘러드는 작고 구석진 개울이라는 뜻에서 비롯된 이름이 아닐까 생각해 본다.

초등학교 시절 나는 이 구석개울의 돌다리를 건너 학교에 다녔다. 한여름 큰비가 내려 돌다리가 잠기는 날이면 아이들을 업어 건

배산임수
마을의 뒤쪽에는 산이 있고 앞쪽에는 물이 흘러가는 장소를 말한다. 마을 뒷산은 땔나무를 얻을 수 있는 장소이며, 앞쪽의 하천은 농업용수 및 생활용수를 제공해 준다. 이러한 장소는 외부의 적을 막는 데도 매우 유리하다.

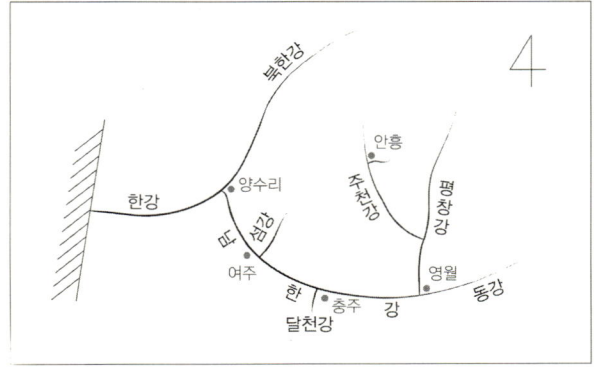

배산임수 입지의 안흥 마을

네주는 어른들의 발걸음이 분주해졌고 물이 불어 어른의 허리춤까지 차오르면 우리 동네는 일시적으로 고립되어 하루 이틀 학교를 가지 못했다. 내 어린 시절에, 개울은 강이자 하천이고 개천이었다. 이 구석개울이 하천 중에서 가장 작은 것이라는 사실을 안 것은 어른이 되어서도 한참 지나서였다.

우리나라에서는 규모가 큰 하천을 '~강', 작은 것을 '~천', 그리고 그보다 작은 것을 '~내' 또는 '~개울'이라고 한다.

국어사전에서는, 강이란 '넓고 길게 흐르는 큰 내'이며, 내란 '물이 흘러가는 길', '강보다 작으며 시내보다는 큰 개울', 그리고 개울은 '골짜기나 들에 흘러드는 작은 물줄기', 시내는 '산골짜기나 평지에서 흐르는 그리 크지 않은 내'로 설명하고 있다. 우리가 일반적으로 쓰는 하천(河川) 또는 개천(開川)이라는 말은 이 가운데에서 내에 해당된다. '하천(河川)'은 '강'과 '내'이므로 결국 하천이라는 말은 이들을 통합하는 포괄적인 의미로 쓰이고 있다고 할 수 있다.

◀ 지방2급하천인 주천강
◀ 강원도 안흥의 구석개울

영어에서는 'river', 'stream', 'brook', 'creek' 등이 모두 하천을 뜻하는 말로 사용된다. 영한사전에서는 'river'는 강, 'stream'은 시내 또는 개울, 'brook'는 시내, 'creek'는 (brook보다 약간 큰) 시내 또는 샛강으로 번역하고 있다.

하천의 특징은 전적으로 그 지역의 지형적 특징을 반영한다. 우리나라 하천의 특색을 결정짓는 가장 큰 요소는 태백산맥이다. 이 태백산맥을 분수령으로 하여 동사면을 따라 흘러내려 동해안으로 들어가는 하천은 지형적 특색을 반영하여 하천의 길이가 짧고 전체적으로 경사가 급한 것이 특색이다. 남대천, 오십천, 왕피천 등이 그 대표적인 예로서 '~강'이라는 명칭이 붙은 것은 없고 대부분 '~천'으로 부르고 있다.

그러나 남서사면을 흘러 서해나 남해로 들어가는 하천들은 길이도 길고 전체적으로 완만한 경사를 따라 흐른다. 따라서 한강, 금강, 낙동강 등과 같이 대부분 '~강'으로 부르고 있고, 그 지류들은 '~천'이라는 이름이 붙어있다. 서울의 한강으로 흘러드는 짧은 하천인 양재천, 중랑천, 탄천 등은 그 좋은 예이다.

우리나라에서는 관리 주체, 소유권 등에 따라 하천을 국가하천,

우리나라 하천의 법적인 구분 ➡
자료: 건교부 수자원심의관실 하천계획과.

	국가하천	지방1급하천	지방2급하천
관할	건교부 장관	시·도지사	시·도지사
개념	주요 하천	지방 이해와 밀접한 하천	직할·지방 하천에 유입되거나 분기되는 하천
적용법	하천법	하천법	하천법 일부
소유	국유	국유	사유권 인정

지방1급하천, 지방2급하천으로 구분하고 있다. 국가하천은 국토해양부 장관이 관할하는 주요 하천이며, 지방1급하천과 지방2급하천은 시·도지사가 관리하는 하천이다. 국가하천과 지방1급하천은 국유이지만 지방2급하천은 사유권을 인정하고 있다.

허준의 해부학 실험실

Geography

『소설 동의보감』을 보면 허준의 노스승 유이태가 스스로 목숨을 끊어 그 시신을 허준의 '해부학 실험용'으로 제공하는 눈물겨운 이야기가 나온다. 밀양 천황산 시례빙곡(詩禮氷谷)에서의 일이다(최근 연구에서는 유이태가 허준보다 100여 년 뒤인 숙종 시대의 인물이라는 보고가 있다).

시례빙곡은 밀양 천황산 북쪽 산기슭 골짜기 9,000여 평에 이르는 얼음골을 말한다. 그 골짜기 자체가 한여름에도 서늘하지만, 특히 10여 평에 이르는 돌무더기 속에서는 차가운 냉기가 솟아나고 삼복더위 때 얼음이 얼었다가 처서가 지나면 녹는다. 이곳의 여름철 평균 기온은 섭씨 0.2도로 냉장고 온도보다 낮으며 계곡을 흐르는 물은 평균 12~14도 정도로 손이나 발을 10초 이상 담그고 있을 수가 없다.

얼음골이란 여름 삼복더위 때에도 자연적으로 서늘할 정도의 찬 바람이 나오는 '천연 냉방' 지역을 말한다. 경상남도 밀양시 산내면 남명리 천황산의 얼음골, 경상북도 의성군 춘산면 빙계리의 빙혈·

밀양의 얼음골을 만든 애추 사면 ➡

풍혈, 전북 진안군 성수면 좌포리의 풍혈·냉천은 소위 우리나라 3대 얼음골로 불리는 곳이다.

얼음골은 보통 지형학적으로 애추(崖錐, talus)에 발달한다. 애추란 절벽으로부터 물리적 풍화와 중력에 의해 붕괴되어 떨어지는 크고 작은 돌들이 모여서 만들어진 일종의 바위 퇴적지형을 말한다. 이 애추를 구성하는 바위 틈새에서 찬 바람이 불어 나오는 것이다.

천연기념물 224호로 지정된 밀양 얼음골은 절벽이 마치 병풍처럼 둘러싸고 있는 오목하고 깊은 골짜기로서 여기에는 약 22개의 애추가 발달해 있다. 관광객들에게 알려진 '얼음골'은 그 가운데에서 특히 찬 바람이 많이 나오는 하나의 애추이지만 실제로는 이름 그대로 골짜기 전체가 서늘한 바람을 불어내고 있다.

찬 바람의 원인은 겨울과 여름의 대류현상 때문인 것으로 추측된다. 즉, 겨울 내내 냉각된 찬 공기가 바위 틈새에 저장되었다가, 여름철 지표 가열에 의해 상승기류가 일어나고 이와 함께 대류현상에 의해 바위 틈새의 찬 공기가 바깥으로 빠져나오는 현상인 것이다. 따라서 얼음골의 최저기온과 얼음이 어는 정도는 전해의 겨울

▲ 미국 뉴햄프셔 주의 애추 사면

철 기온에 의해 결정된다. 1984년, 1991년, 1998년에는 얼음골의 얼음이 사라진 적이 있는데 이는 전해 겨울이 엘니뇨에 따라 이상고온이 되었기 때문인 것으로 보고 있다. 얼음골이라고 하기는 하지만 실제로 얼음이 어는 것은 아니고 '냉장고에 성에가 끼는 것'과 같이 바위 표면에 성에가 끼는 것이다. 이는 찬 공기가 나오면서 주변의 덥고 습윤한 공기와 만나기 때문에 일어나는 현상이다.

우리나라 산지 곳곳에는 크고 작은 이러한 애추들이 산 사면에 발달해 있다. 애추는 동결과 융해가 반복적으로 일어나는 기후지역, 즉 **주빙하**(周氷河)기후지역에서 주로 발달한다. 현재 지구 상에서는 극지방의 빙하 주변 지역들이 이러한 기후 특징을 보이고 있다. 현재 우리나라는 주빙하기후가 아닌 온대기후이므로 과거 한때 한반도에 주빙하기후가 지배했을 때 만들어진 것으로 보는 견해가 많은데 이렇게 과거 기후와 관련되어 만들어진 지형을 화석지형(化石地形)이라고 한다.

주빙하기후

주빙하기후(Periglacial climate)란 일반적으로 빙하기후 주변에 나타나는 기후를 말한다. 빙하기후가 1년 내내 얼어붙어 있는 것이 특징이라면, 주빙하기후는 주기적으로 온도가 상승·하강하여 동결·융해가 반복되어 일어나는 것이 특징이다. 이러한 동결·융해의 반복현상을 주빙하작용이라고 하며 이에 의해 주빙하지형이 만들어진다. 애추는 대표적인 주빙하지형이다.

◆ 노르웨이 달스니바의 주빙하기후 경관: 북위 62도, 해발 1,467m 지점으로서 한여름이지만 눈이 쌓여있고, 식생은 이끼류가 보일 뿐이다.

 허준의 스승 유이태가 굳이 시례빙곡을 해부학 실험실로 택한 것은, 냉장시설이 없던 당시로서는 이 얼음골이 훌륭한 냉장고 역할을 해주었기 때문이다.

지구와 지도

제3부 콜럼버스의 오해

콜럼버스의 오해

Geography

    콜럼버스(Christopher Columbus)는 하나는 알고 둘은 몰랐다. 그러나 이것은 오늘날의 아메리카를 발견하게 된 결정적인 동기가 되었다.

    콜럼버스의 아메리카 대륙 발견은 그의 무지(?)에서 비롯되었다. 그는 에라토스테네스(Eratosthenes)의 "지구는 둥글다"라는 주장에 대해서 조금도 의심하지 않았다. 그가 인도를 향해 힘차게 대서양으로 나선 것은 이러한 굳은 믿음 때문이었다.

    그러나 그는 에라토스테네스가 측정한 지구의 크기가 실제로 얼마가 되는지 제대로 알지 못했다. '에라토스테네스의 지구'에 대해 그가 정확한 지식을 가지고 있었다면 결코 그렇게 쉽게 인도로 향하지는 못했을 것이다.

    콜럼버스가 알고 있었던 지구 크기에 대한 지식은 프톨레마이오스(Ptolemaeos, 100~170)가 계산한 것으로 에라토스테네스의 것보다 정확하지 못했고 실제보다 매우 작은 값이었다. 따라서 동양으로 향해 여행을 떠나면서 며칠만 항해하면 인도에 곧 도착할 수 있을

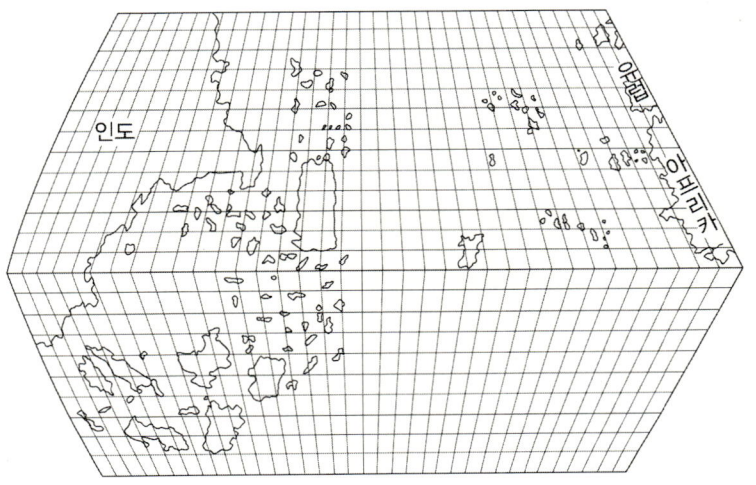

◀ 토스카넬리의 지도

것으로 믿었던 것이다. 그가 믿었던 프톨레마이오스의 값이 실제보다 작다는 것을 알았더라면 출항하지 않았을지도 모른다.

또한 콜럼버스는 1474년, 천문·지리학에 밝았던 이탈리아 피렌체 출신의 토스카넬리(Toscanelli)로부터 지도 하나를 선물로 받았다. 이 지도에는 당연히 아메리카 대륙은 그려져 있지 않고 아프리카 서안에서 서쪽으로 계속 가면 바로 인도에 도착하는 것으로 되어있었다. 이 지도를 들여다보던 콜럼버스는 동쪽으로 걸어서 인도로 가는 것보다 이 길이 훨씬 쉽고 빠를 것으로 확신하고 '서쪽 항해'를 결심했던 것이다.

에라토스테네스는 지구의 모양이 둥글다고 생각하고 그 둘레를 처음으로 측정했다. 그가 측정한 값은 약 4.63×10^4km로서 실제 지구 크기(4.0×10^4km)보다 약 15% 정도 크기는 했으나 당시의 기술로서는 놀랄 만큼 정확한 값이라고 할 수 있다.

어쨌든 콜럼버스는 1492년 생각지도 않았던 신대륙 아메리카에 발을 디뎠고 1498년에는 남아메리카를 발견하게 된다. 이 소식을 들은 아메리고 베스푸치(Amerigo Vespucci)는 1499년 남아메리카를 탐험하게 되고 그에 대한 소식은 그의 독일인 친구에게 상세히 전해져 유럽에 소개되기에 이르렀다. 그러나 어찌 된 일인지 콜럼버스보다 앞선 1497년에 그가 아메리카를 발견한 것으로 전해졌고 후에 그의 이름을 기념하여 아메리카라는 대륙명이 탄생하게 되었다. 콜럼버스로서는 억울한 일이 아닐 수 없다.

콜럼버스가 처음 본 곳은 아메리카 중에서도 카리브 해 연안이었다. 그는 이곳을 목적지인 인도로 생각할 수밖에 없었고, 지금까지도 이 일대를 서인도제도(West Indies)로 부르고 있는 것은 이에 연유한 것이다. 그가 만난 원주민들 역시 인도인들로 생각하였고 그들은 자신들의 의지와는 관계없이 '인디언'이 되었다. 인디언이라는 말은 그 뒤 아메리카 인디언(America Indian)으로 고쳐 부르다가 지금은 국제적으로 '아메리카 원주민(Native American)'으로 부르고 있다.

지구에 그려진 날줄과 씨줄

Geography

자오선과 회갑

지구 상의 위치를 나타내는 방법 중에서, 가로세로 줄을 그어놓고 거기에 일정한 값을 부여하여 위치를 표현하고자 하는 것을 경선과 위선, 또는 경도·위도라고 한다. 그러면 경위라는 말을 쓴 것은 무엇 때문일까?

경(經)은 실 사(糸)와 물줄기 경(巠)이 결합된 글자이다. '巠'은 "땅[一] 밑을 흐르는 시내[川]"라는 의미로서 '지하의 수맥(水脈)'을 뜻하며 '工'은 이 글자의 소릿값이다. 수맥은 끝없이, 거침없이 흐르므로 경(巠)은 '길다', '거침없다', '빠르다'라는 뜻을 가지고 있다. 이러한 의미에서 경(經)은 '기다란 실'이라는 뜻이 된다.

위(緯)는 실 사(糸)와 가죽 위(韋)가 결합된 글자이다. '韋'는 'ㅁ'를 사이에 두고 위아래의 획이 서로 어긋나 있으므로 본래 '어긋나다'라는 뜻을 가지고 있다. 'ㅁ'는 역시 소릿값으로서 입을 뜻하는 구가 아니라 담[圍]을 뜻하는 큰입구몸(본음은 위)이다. 이러한 의미에서 위(緯)는 '어긋나는 실'이라는 뜻이 된다. 이렇게 보면 경위는

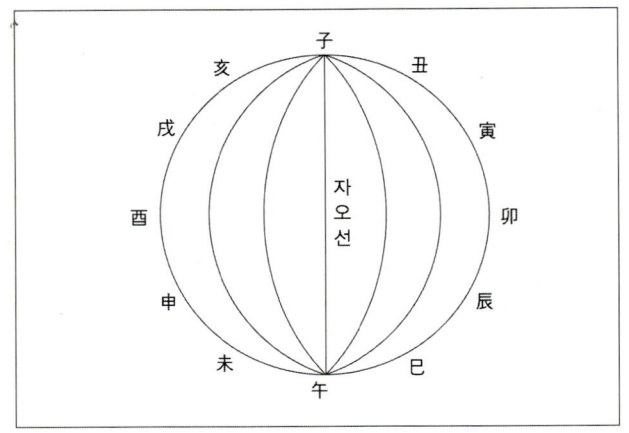

▣ 12지와 방위표시

정오와 자정
정오(正午)라고 하는 말은 태양이 바로[正] 남쪽[午]에 있다는 뜻이며, 자정(子正)은 북쪽[子]에 가 있다는 뜻이다.

'기다란 실과 어긋나는 실'이라는 뜻을 지닌다. 옛날 베를 짤 때 먼저 베틀에 세로로 긴 실을 걸친 다음 또 다른 실을 가로로 겹쳤다. 이때 세로(상하)로 긴 실을 경(經), 가로(좌우)로 긴 실을 위(緯)라고 했다. 즉, 경위는 베틀에 걸쳤던 날줄과 씨줄을 말한다.

경선은 자오선이라고도 한다. 왜 하필이면 자오선이라 부르게 되었을까?

옛날에는 12지를 이용하여 방위를 나타냈는데, 자(子)를 북쪽으로 삼아 시계방향으로 돌아가면서 묘(卯)는 동쪽, 오(午)는 남쪽, 유(酉)는 서쪽을 나타냈다. 결국 남북을 연결하면 이것이 자오선이 되는데, 이 개념은 지구 상에서의 경선과 같은 의미가 된다.

우리나라를 포함한 동양권에서는 간지(干支)가 일상생활과 깊은 관련을 맺고 있다. 간지는 천간(天干)과 지지(地支)를 합한 말이다.

천간은 갑(甲)·을(乙)·병(丙)·정(丁)·무(戊)·기(己)·경(庚)·신(辛)·임(壬)·계(癸)의 10개, 지지는 자(子)·축(丑)·인(寅)·묘(卯)·진(辰)·사(巳)·오(午)·미(未)·신(申)·유(酉)·술(戌)·해(亥)의 12개를 말하며, 10간(干) 12지(支)라고도 했다. 간지는 일명 간지(幹枝)라고도 했는데, 이는 나무의 줄기와 가지를 뜻한다.

간지와 관련하여 만들어진 개념이 회갑(回甲)이다. 서양의 달력이 사용되기 전에는 간지를 이용하여 연월일시(年月日時)를 나타냈는데, 이들 4개 간지를 사주(四柱), 각 간지는 모두 8자가 되어 팔자

(八字), 그래서 이를 사주팔자라고 한다.

간지를 하나씩 순서대로 배합하여 연도를 표현하는데, 그 순서에 따라 갑자(甲子)년, 을축(乙丑)년, 병인(丙寅)년, 정묘(丁卯)년 등으로 부른다. 이럴 경우 60번째가 계해(癸亥)년이 되고, 결국 60년 만에 다시 '갑자년이 돌아온다'고 하여 이를 회갑 또는 환갑(還甲)이라고 하였다. 즉, 61세가 회갑이 되는 것이다. 회갑은 우리 표현으로는 기(耆)라고 하며, 공자(孔子)는 귀가 뚫려 올바르게 들을 수 있는 나이라는 뜻으로 이순(耳順)이라고 했다. 또 화갑(華甲)이라고도 하는데, 이는 화(華) 자를 파자하면 6개의 십(十)과 하나의 일(一) 자로 된 데서 붙여진 이름이며, 60갑자를 아름답게 표현하여 화갑(花甲)이라고도 한다.

경선 0도는 어떻게 결정되었을까?

위도는 적도를, 경도는 영국의 옛 그리니치 천문대를 지나는 선을 각각 0도로 하여 계산하도록 되어있다. 그리니치가 이같이 중요한 기준선이 된 이유는 무엇일까?

대항해 시대를 배경으로 메르카토르는 16세기 후반 항해용 세계지도를 만들었다. 거의 같은 시기에 오르텔리우스도 색채가 선명한 세계지도를 만들었다. 이 두 사람은 지도상에 경선과 위선을 모두 그렸는데 경선의 기준이 되는 본초자오선은 대서양의 아조레스 제도에 설정하였다. 당시 아조레스 제도는 카나리아 제도, 베르데 갑(岬) 제도 등과 함께 대서양 횡단 항로에 면해 있어 콜럼버스도 첫 번째 항해 시 이곳을 경유하여 돌아갔다.

영국도 16~17세기까지 역시 아조레스 제도에 본초자오선을 설정하고 있었으나 뒤에 런던으로 옮겼다. 프랑스는 17세기에는 카나리아 제도에 설정했으나 뒤에 파리로 옮겼다. 이같이 본초자오선의 기준은 국가마다 달랐다.

영국은 안전한 원양 항해를 위해 경도 측정에 몰두하였다. 위도는 북극성을 관측하여 비교적 쉽게 측정하였으나, 경도는 그렇지 못했다. 1675년 그리니치에 왕립천문대를 설치하고, 경도를 측정하기 위한 천체 관측을 시작하였다. 그런데 경도 측정에는 운반이 가능하고 정밀도가 높은 크로노미터가 필요하였다.

1714년 영국 의회는, 영국과 서인도제도 간의 항해 시 경도 오차 30분 이내의 측정법을 발명한 사람에게, 당시로서는 파격적인 2만 파운드의 상금을 주기로 결정하였다. 많은 사람이 이것에 도전하였고, 1761년 존 해리슨이란 사람이 165일간의 항해에서 54초의 오차라고 하는 좋은 성적을 올렸다.

크로노미터에 의해 경도가 측정되고 원양 항해가 가능해지자 나라마다 제각각의 본초자오선을 설정하고 있는 것이 상당히 불편해졌다. 같은 지점에서도 지도에 따라 경도에 차이가 났던 것이다. 결국 1884년 미국은 워싱턴에 25개국의 대표를 소집하고, 만국지도회의(만국자오선회의)를 개최하여 영국의 그리니치를 지나는 경선을 본초자오선으로 정할 것을 결정하였다. 영국이 세계의 바다를 제패해 왔고 오래전부터 자오선을 관측해 왔던 점 등이 인정받은 것이다. 그러나 프랑스는 이 결정에 불만을 표시하고 지금도 국내용 지도에는 파리를 본초자오선으로 표시하고 있다.

본초자오선의 기준이 된 그리니치 천문대는 현재 서식스(Sussex)

로 옮겼다. 그리고 이 일대는 공원으로 조성되었으며 구 천문대는 박물관으로 만들어 일반에게 공개하고 있다. 박물관 정원에는 본초자오선을 나타내는 벽돌이 일렬로 묻혀있다. 여기에 다리를 벌리고 서면 한쪽 다리는 동반구, 다른 한쪽은 서반구에 걸쳐있는 셈이 된다. 그리니치 공원은 템스 강변에 있는데 런던 시내에서 배로 갈 수 있다.

지구가 시계 반대 방향으로 도는 이유는?

공항이나 호텔 로비에는 세계 각국의 시각을 나타내는 각기 다른 시계들이 걸려있다. 예전에는 이것에 대해 그리 큰 관심을 갖지 않았지만 국제화와 함께 세계여행을 하는 횟수도 많아졌고 또 외국에 있는 사람과 직접 전화를 하는 일이 빈번해지면서 이에 대해 많은 관심을 갖게 되었다. 국가마다 사용하는 시각이 서로 다르기 때문에 시간 차이를 잘 계산해 둘 필요가 있게 된 것이다.

시각을 결정짓는 것은 경도이다. 경도는 영국 그리니치 공원을 지나는 경선을 0으로 하여 지구를 360도로 나누어 사용하고 있다. 그리고 이 0도선의 지구 반대쪽에 있는 180도선을 날짜 변경선으로 하여 시각의 변화를 나타내고 있다. 지구는 360도이므로 이를 24시간으로 나누면 결국 경도 15도마다 1시간씩 차이가 나게 된다. 다시 말하면 날짜 변경선이 밤 12시라면 동경 165도는 11시, 150도는 10시가 된다는 뜻이다.

지구는 자전축을 중심으로 동쪽으로 돌고 있으므로 날짜 변경선으로부터 서쪽으로 갈수록 시각은 15도에 1시간씩 느려지게 된다.

각 나라에서는 시각을 계산하기 좋도록 대부분 15도의 배수가 되는 가장 가까운 지점의 경선을 그 지역의 표준시로 잡는다. 즉, 우리나라는 동경 135도, 중국은 동경 120도를 기준으로 삼고 있다. 같은 경도상에 있는 국가들은 같은 경도를 표준시로 삼기 때문에 시각이 같은 것은 물론이다.

우리나라를 기준으로 본다면 중국은 1시간, 파리는 8시간, 런던은 9시간, 뉴욕은 14시간(여름은 13시간), 로스앤젤레스와 샌프란시스코는 17시간(여름은 16시간) 차이가 난다. 즉, 우리나라에서 서쪽으로 멀어질수록 시간 차는 커진다는 말이다. 그 계산은 간단하다. 우리나라의 시각에서 그 지역의 시각을 빼면 되는 것이다. 그 지역의 시각은 어떻게 알 수 있는가? 이는 그 지역에서 표준시로 어느 경도를 사용하고 있는지 알면 된다.

지구를 북극 상공에서 내려다보면 지구는 시계 반대 방향으로 돌고 있다. 다시 말해 여러분이 시계를 들여다보고 있다면 그것은 북극 상공에서 지구를 내려다보고 있는 것과 같은 이치이다. 시계를 보면 시각을 나타내는 1~12까지의 숫자는 가만히 있고 시곗바늘이 오른쪽(지구 자전의 반대 방향)으로 움직여 시간이 흐르는 것을 나타내고 있지만 실제로는 시계 바늘은 가만히 있고 시계 숫자 판이 왼쪽(지구 자전 방향)으로 움직이는 것과 마찬가지 효과인 것이다. 시계 숫자 판을 돌리기보다는 바늘을 돌리기가 쉬워 시계를 그렇게 만들었을 뿐이다. 어쨌든 시계의 원리는 그렇다.

감추어진 시간

Geography

잃어버린 30분

1990년대 들어와 우리나라의 표준자오선을 현재의 135도에서 중앙 경선인 127도 30분으로 바꾸어야 한다는 주장이 계속 제기되었다.

1908년 4월 1일 당시 대한제국은 우리나라 표준시를 동경 127도 30분으로 정해 사용하기로 하였다. 그 후 한일병합과 함께 1912년 1월 1일부터는 일본의 아카시(明石) 지방을 지나는 135도로 바꾸어 사용하게 되었고, 이에 따라 시각도 일본 시각에 맞추어 30분 앞당겨 사용하였다. 그러다가 이승만 대통령 때 원래대로 바꾸었으나, 박정희 대통령 때 다시 135도로 바꾸어 지금까지 사용하고 있다. 항해, 항공, 무역 시 시각을 환산할 때 혼란이 일어나는 것을 방지하기 위해서라고 한다.

일반적으로 표준자오선은 태양이 정남향에 오는(남중하는) 시각과 정오가 일치하는 경도를 말한다. 태양이 남중하는 시각은 지역마다 다르다. 자오선이 지나는 경도가 1도 차이 나면 남중 시각은 4분

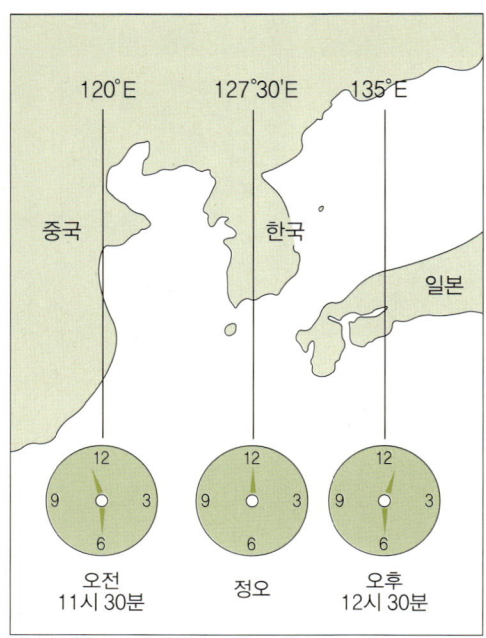

▣ 우리 시간

차이 나고, 경도가 15도 차이 나면 남중 시각은 1시간 차이가 난다. 따라서 세계 각 나라들은 각각의 표준자오선을 정해서 쓰고 있으며 국토가 동서로 넓은 나라들은 몇 개의 표준자오선을 함께 사용한다.

문제는 우리나라 실제 위치가 동경 124~130도 사이에 있고 중심이 127도 정도로 표준자오선과 8도 정도 차이가 나기 때문에 시각도 실제와는 약 30분 차이가 난다. 예를 들면 우리나라는 낮 12시에 태양이 남중하는 것이 아니라 30분 늦은 오후 12시 30분에 남중하고 있다.

그러나 현행 기준을 그대로 사용해야 한다는 주장도 많다. 즉, 표준자오선을 15도의 배수로 정하여 각국과 시각 차가 1시간 단위로 나도록 하는 것이 국제적 관례라는 것이다. 표준자오선을 동경 127도 30분으로 바꿀 경우 세계시와 +8시간 30분 차이가 나기 때문에 다른 나라 표준시와 환산하는 것이 극히 번거롭다는 점도 지적되고 있다. 오스트레일리아의 중부, 캐나다의 뉴펀들랜드, 인도, 이란, 미얀마, 네팔, 스리랑카 등 일부 국가에서 세계시와 30분 차이가 나도록 표준자오선을 정한 곳도 있지만 세계 국가 중 95% 정도는 1시간 단위로 차이가 나도록 기준을 정하고 있는 실정이다.

또한 동경 135도는 일본만 지나는 것이 아니라 러시아와 오스트레일리아도 지나기 때문에 표준자오선을 일본과 관계시키는 것은 무리라는 주장도 있다.

이러한 논란이 일자 1993년 6월 1일 행정쇄신 실무위원회가 제7차 회의에서 이 의견을 검토했지만 "표준시를 변경할 경우 상당 기간 혼선이 있을 것"이라는 이유로 부결되었다.

중국의 시각

우리나라는 전국이 같은 시각을 사용하고 있지만 한 나라 안에서도 시각이 다른 곳이 지구 상에는 많다. 세계 표준시는 경도 15도마다 1시간씩 달라지기 때문에 동서로 긴 나라는 당연히 서로 다른 몇 개의 시각을 표준으로 사용할 수밖에 없다.

우선 동서로 가장 긴 나라인 러시아는 그 양 끝이 태평양과 대서양에 닿아있고 11개의 표준 시각을 가지고 있다. 서쪽의 모스크바에서 아침 활동을 시작하는 오전 8시가, 동쪽의 블라디보스토크에서는 오후 3시가 된다.

미국은 본토에만 4개의 표준시가 있으며 태평양에 2개의 표준시가 더 있다. 오스트레일리아는 3개, 브라질·인도네시아는 각각 2개의 시간을 가지고 있다.

재미있는 곳은 중국이다. 황해 해안지역으로부터 대륙 깊숙한 곳까지 이어지는 중국은 동서로 긴 나라이면서도 한국의 1시간 전의 시각을 전국에서 공통으로 사용하고 있다. 인접한 러시아에서는 같은 폭의 지역에서 다섯 가지 시각을 사용하는 것과 비교한다면 얼마나 그 시간의 차가 큰지를 알 수 있다.

중국이 한국보다 1시간 느린 시각을 사용하는 것은 동경 120도 선을 기준으로 한다는 이야기이다. 동경 120도 선은 상하이(上海)

미국의 시간대
① 동부 시간대
② 중부 시간대
③ 산지 시간대
④ 태평양 시간대
⑤ 알래스카 시간대
⑥ 하와이·알루샨 시간대

와 난징(南京) 사이를 지나는 자오선이다. 따라서 베이징이나 상하이에서 정오가 되어 태양이 바로 머리 위에 있을 때 서쪽 끝에서는 아직 태양이 낮게 걸려있고 마치 이른 아침 같은 상태이다. 이곳에서 태양이 머리 위로 왔을 때, 이미 시계는 오후 4시 또는 5시가 된다. 따라서 중국 서부지역에서는 공무원들만 북경 표준시에 맞춰 출퇴근할 뿐, 농사를 짓는 일반 주민들은 자연시간에 맞춰 일어나 일하고 잠자리에 든다. 자치구에서는 따로 정한 시간을 사용하기도 한다. 이에 익숙해지면 별 불편함이 없겠지만 하여튼 기이한 일임에는 틀림없다.

지리중심도시 수원과 인천

Geography

우리나라 해발고도의 기준은?

해발고도는 바다로부터의 높이로서 그 기준은 0m이다. 그러나 해수면은 늘 오르락내리락하기 때문에 어느 때를 기준으로 할지가 문제이다. 우리가 현재 쓰는 기준면은 해수면이 가장 많이 올라갔을 때와 내려갔을 때, 즉 만조선(滿潮線)과 간조선(干潮線)의 중간인 평균 해수면을 0m로 삼고 있다.

그러나 이 평균 해수면이라는 기준점은 실존하는 것이 아니라 계산상으로 나온 것이며 해수면 아래에 있으므로 육지에서의 산의 높

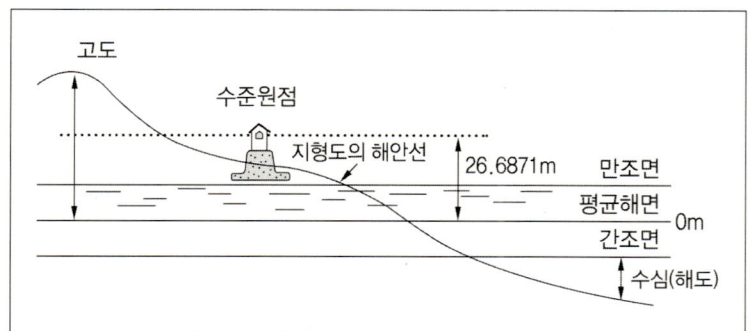

◆ 평균 해수면과 수준원점

콜럼버스의 오해 111

◆ 해수면을 측정하는 검조소(충남 태안 신진도)
◆ 해발고도 측량의 기준이 되는 수준원점(인하대학교 캠퍼스 내)
◆ 수준원점으로부터 측량하여 만든 수준점

검조소가 있는 곳
동해안(6곳): 속초, 묵호, 울릉도, 후포, 포항, 울산
남해안(13곳): 부산, 가덕도, 마산, 통영, 고흥, 여수, 완도, 거문도, 제주, 성산, 서귀포, 모슬포, 추자도
서해안(13곳): 목포, 대흑산도, 영광, 위도, 군산외항, 군산내항, 보령, 안흥, 대산, 평택, 안산, 인천, 율도

이를 측량할 때 기준으로 삼기가 사실 불가능하다. 따라서 실제로 고도 측량을 할 때 기준으로 삼을 지점을 육지에 설치해 놓아야 한다. 이것이 바로 수준원점(水準原點)이다. 우리나라의 수준원점은 인천 인하대학교 캠퍼스 내에 설치되어 있는데, 이 지점의 고도는 26.6871m이다. 원래 해발고도의 기준이 되는 점은 0m이지만 그 기준점을 육지에다가 설치해 놓았기 때문에 일정한 고도 값을 갖는 것이다. 어쨌든 우리나라의 모든 해발고도를 측량할 때는 이 수준원점을 기준으로 하게 된다.

그러나 인천 부근에서는 편리할지 모르지만 멀리 떨어진 부산이나 제주도 등지에서는 이곳의 기준점을 그대로 사용하기에 여간 불편한 것이 아니다. 즉, 고도를 측량할 때마다 이곳 인천까지 와서 측량해가지 않으면 안 된다. 따라서 이러한 불편을 덜기 위해 이 수준원점을 기준으로 전국 약 4km마다 보조 기준점을 만들어놓았는데, 이것이 바로 수준점이다. 수준점은 전국에 6,000개 정도 있으며 국토지리정보원에서 발행하는 1:50,000 또는 1:25,000 축척의 지형도에는 이러한 수준점들이 표시되어 있다.

해수면은 항상 변하므로 그 변하는 상태를 계속 관측하지 않으면 안 된다. 우리나라 해안의 주요 항구에는 이러한 해수면의 변동 상태를 측정하는 곳이 32곳 있는데, 이를 **검조소(檢潮所, tide observation station)**라고 한다. 이곳은 현재 해양수산부 국립해양조사원에서 관리하고 있다.

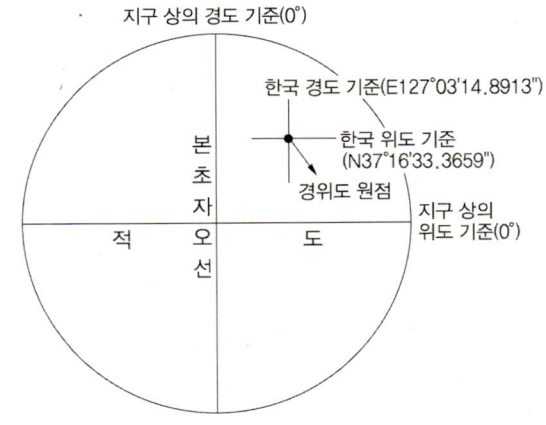

△ 경위도 원점

우리나라 거리의 기준점은?

보통 우리는 거리를 표시할 때 50리, 또는 100km라고 나타낸다. 거리가 100km라고 할 때 그 거리는 어느 곳에서부터 어느 곳까지라는 위치의 기준이 반드시 필요하게 된다. 거리라고 하는 것은 일정한 두 지점 사이의 길이이기 때문이다.

따라서 정확한 거리를 측량하기 위해서는 알려고 하는 거리의 기준이 되는 두 지점의 위치를 정확히 표시해야 한다. 그러면 그 위치를 어떻게 정확하게 표시할 수 있는가? 지표 상에서 위치를 표시하는 방법은 여러 가지지만 정확한 위치는 보통 수치로 나타내게 되고 이를 수리적 위치라고 한다.

수리적 위치란 지구 상에서 가상의 기준선인 경도와 위도로 나타내는 것을 말한다. 즉, 경도의 기준이 되는 본초자오선(경도 0도)과 적도(위도 0도)를 기점으로 하여 그곳으로부터 몇 도 떨어져 있는가를 각각 표시하면 이것이 곧 수리적 위치가 되는 것이다. 그러나 우리나라의 경우 한 지점의 경위도를 알기 위해서는 영국이나 아프리카까지 가서 그곳으로부터 경도와 위도를 측량해 와야 되는데,

이는 거의 현실성이 없다. 따라서 이러한 문제를 극복하기 위해 우리나라 자체에 경도와 위도의 기준점을 설정해 놓으면 매우 편리한데, 이것이 바로 수원 국토지리정보원에 있는 경위도 원점이다. 우리나라 경위도 원점의 위치는 동경 127도 03분 14.8913초 북위 37도 16분 33.3659초이다. 이는 가히 천문학적 수치로서 몇 년간에 걸친 천문관측 결과, 1985년 12월 27일에 그 기준점을 만든 뒤 2002년 6월 29일에 수정한 것이다. 그러나 수준원점과 마찬가지로, 수원 근처에 사는 사람들은 이를 이용하기에 편리할지 모르지만 멀리 대구나 광주에 있는 사람들은 경위도로 정확한 위치를 정하기 위해서 수원까지 올라와 이곳을 기점으로 하여 거리를 측량해 가야 하는 문제점이 있다.

　이러한 문제를 해결하기 위해 만든 것이 삼각점이다. 즉, 경위도 원점을 기준으로 하여 전국에다 약 4km 간격으로 보조 경위도 원점을 설정해 놓은 것이다. 따라서 각 지역에서는 굳이 수원까지 올라올 필요 없이 그곳 주변에서 가장 가까운 삼각점을 찾아 그곳으로부터 거리를 측량하면 된다. 삼각점은 전국에 16,000개 정도 있고, 이 삼각점은 1:50,000 또는 1:25,000 축척의 지형도상에 표시

◪ 거리 측량 기준이 되는 경위도 원점(수원 국토지리정보원)
◪ 경위도 원점으로부터 측량하여 만든 삼각점

되어 있다. 그러나 1:5,000 축척의 지형도와 같이 대축척 지도에서는 4km라는 간격이 너무 넓어 필요한 지역에 삼각점이 표시되지 않는 경우가 있다. 이를 극복하기 위해 1:5,000 지형도에서는 삼각점의 보조 기준점을 표시해 놓았는데, 이것을 도근점(圖根点)이라고 한다. 즉, 삼각점이 표시되지 않은 곳에서는 이 도근점을 기준으로 삼아 거리를 측량하면 된다.

서울의 중심, 한국의 중심

Geography

도로원표
대부분의 국가들은 각국의 수도 한가운데에 도로원표를 세워 국민통합의 상징적 의미를 부여하고 있다. 미국 백악관 앞 '제로마일 스톤'이나 프랑스 노트르담 성당 앞의 '제로 포인트' 등이 좋은 예이다.

서울의 중심은 어디일까? 이에 해답을 줄 만한 자료가 되는 것이 '서울 중심점 표지석'과 '도로원표'이다.

종로구 인사동 하나로 빌딩과 태화 빌딩 사이(종로구 인사동 194번지)에는 '서울 중심점 표지돌'이 있다. 이 자리는 바로 3·1운동 당시 손병희 선생 등 33인이 독립선언서를 낭독했던 옛 태화관이 있던 곳이다. 이 표지석은 조선조 고종이 대한제국을 선포하여 황제에 오르기 전해인 건양(建陽) 원년(1896년)에 태화관 자리를 수도의 중심지라고 하여 세우게 된 것이다. 이곳을 서울의 중심점으로 삼은 이유는 명확히 알 수 없지만 박경룡(서울시사편찬위원회) 위원은, "당시의 관례로 보아 지번을 결정하는 순서가 우체국으로부터 시작되었기 때문에 우체국이 있었던 자리로 추정된다"라고 견해를 밝히고 있다.

서울 중심점 표지돌은 사각형의 화강암으로 만든 것으로서 이 중심돌을 네 개의 팔각기둥이 둘러싸고 있다. 중심돌은 서울의 중심을 나타내고 나머지 네 개의 돌은 각각 북악산, 인왕산, 남산, 낙산 등 서울을 둘러싸고 있는 4대산을 상징하고 있다.

　도로원표(道路元標)는 전국 도로망의 출발점으로서 서울로부터 각 지방까지의 거리를 표시해 전국 도로교통망 연계상황을 보여주는 상징적 지표이다. 도로원표는 세종로 네거리 광화문 파출소 앞 미관광장에 있다. 현재 위치로 옮기기 전에는 원래 광화문 네거리 교보빌딩 옆 고종즉위칭경비각(高宗卽位稱慶碑閣)에 있었다. 이 표지돌은 가로 90cm, 세로 30cm, 높이 70cm 크기의 화강암으로 1914년 4월 일본이 세운 것이다. 처음에는 이순신 장군 동상 자리에 있었으나 세종로 단장과 함께 비각 내로 옮겼다. 표지돌에는 동서면에 세종로 네거리를 중심으로 한 전국 18개 도시와의 거리가 일본식 방법으로 표기되어 있다. 즉, 신의주까지는 505천(粁), 대전 183천, 부산은 477천으로 표시되어 있는데, '粁'이라는 단위는 일본식 한자

▲ 원래의 도로원표(교보빌딩 옆 고종즉위칭경비각 안)

◀ 새로 만들어진 도로원표 (광화문 네거리 미관광장)

콜럼버스의 오해　**117**

◆ 서울의 중심점 표지돌
(종로구 인사동 194번지)

로서 1m가 1,000개 모여야 1km가 된다는 의미로 쓰인 것이다.

일본식으로 표기된 것을 우리 표기 방식(km)으로 바꾸어야 한다는 목소리가 높아져, 1997년 12월 29일에 지금의 자리로 옮기고 다시금 고쳐 완공한 것이다. 중심점에 새로운 도로원표 동판을 부착하고, 우리 고유의 문양으로 독자성을 강조한 도로원표 조형물을 새롭게 설치하였는데, 그 주변에 4방 12방위를 상징하는 전통적인 12지신상 조각품을 배치하고, 주요 국내외 도시까지의 거리를 원주 122km, 평양 193km, 몬테비데오 19,606km 등, km로 표시해 놓았다. 지역 간 거리 산출기준은 국내 지역의 경우 고속도로와 국도를 이용한 실제 거리를 표시하였고, 북한이나 해외 지역은 직선거리로 나타내었다.

도로원표의 실제 위치는 해발 30.36m로서 동경 126도 58분 44.8018초, 북위 37도 34분 2.7474초이지만, 조형물이 세워진 미관광장은 실제 지점보다 남서방향으로 약 151m 떨어져 있기 때문에 그 위치는 해발 32m 24cm, 동경 126도 58분 43.3297초, 북위 37도 33분 57.9658초에 해당된다.

서울 중심점 표지돌이 토지의 구심점으로 세워놓은 것이라면, 도로원표는 서울을 기준으로 각 지방과의 거리 측정을 위해 세운 것이다.

바다와 육지의 경계

Geography

    일반적으로는 바닷물에 잠긴 부분을 바다라고 하고 반대로 바닷물에 잠기지 않는 부분을 육지라고 한다. 그러나 해수면은 변동하기 때문에 그 경계선은 매우 애매하다. 해수면이 높아졌을 때를 만조, 낮아졌을 때를 간조라고 하고 그 위치는 해안선을 따라 길게 선(線) 형태로 나타나기 때문에 각각을 만조선, 간조선이라고 하는데, 육지는 만조선으로부터 그 윗부분, 바다는 간조선으로부터 그 아랫부분을 말한다. 그리고 만조선과 간조선 사이의 점이지대를 바로 갯벌(간석지)이라고 부른다.

    국토지리정보원에서 발행하는 지형도에 표시된 해안선은 바로 육지의 출발점인데, 그 해안선은 만조선을 그려놓은 것이다. 또한 건설교통부 수로국에서 발행하는 해도에서는 수심을 주로 표시하는데 그 수심의 기준이 되는 것이 간조선이다. 따라서 갯벌은 육지와 바다의 중간적 성격을 띤 곳으로서, 지형도에는 해안선 바깥쪽에 점을 찍어서 나타내고, 해도에서는 녹색(바다를 상징하는 파란색과 육지를 나타내는 노란색의 중간색)으로 표시해 놓고 있다.

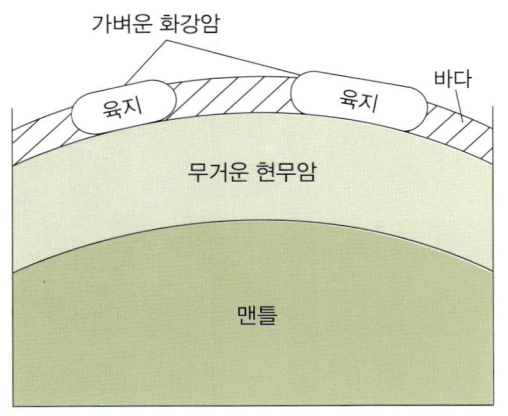

▲ 바다와 육지의 기반암 비교

암석의 종류
지구 상의 암석은 화성암, 퇴적암, 변성암으로 크게 세 가지로 구분된다. 화성암은 액체 상태의 마그마가 식으면서 만들어진 것이고, 퇴적암은 암석의 풍화물질이 쌓여 굳어진 것이다. 변성암은 기존의 암석들이 높은 압력과 온도에 의해 성질이 바뀐 암석이다.

지형학적으로는 암석에 의해 해양과 육지(대륙)를 구분한다. 즉, 그 기반암이 현무암질로 되어있으면 해양, 화강암질로 되어있으면 대륙이라고 한다. 해안선으로부터 깊이가 약 200m 정도 되는 얕은 바다를 우리는 대륙붕(大陸棚)이라고 부른다. 이곳까지는 대륙 지각을 구성하는 화강암질로 되어있기 때문에 비록 바다 속이기는 하지만 대륙이 연장된 것으로 취급하여 '대륙에 붙어있는 선반[棚]'이라는 뜻으로 부르고 있는 것이다.

우리가 살고 있는 지구의 가장 바깥쪽, 즉 사과에 비유한다면 껍질에 해당되는 부분을 지각이라고 한다. 그 두께는 대륙과 해양에서 큰 차이를 보이는데, 대륙에서는 평균 30km, 해양에서는 평균 5km 정도가 된다.

대륙의 경우 위쪽에는 대표적인 화성암인 화강암질 암석이 덮고 있고 그 위에 얇게 토양이 덮여있다. 그리고 아래쪽에는 해양암석인 현무암질 암석이 존재한다. 그러나 해양의 경우에는 현무암으로만 되어있으며 그 위에 약간의 퇴적물이 덮여있다.

화강암과 현무암은 모두 화성암이지만, 기본적인 차이는 구성 광물 중 석영을 얼마만큼 함유하고 있느냐에 따라 둘을 구분하고 있는 것이다. 화강암은 이산화규소(SiO_2)인 석영을 72% 함유하고 있는 데 비해, 알칼리 현무암은 46%밖에 함유하고 있지 않다. 안산암은 석영 함유량이 54%로서 화강암과 현무암의 중간이다.

석영은 산성으로 고온에서 녹으면 끈적끈적한 용암이 된다. 따라

◆ 마그마의 관입으로 만들어진 암맥(강릉): 관입암인 화강암이 어떻게 형성되었는지를 상상해 볼 수 있다.

서 석영질이 많은 화강암 용암은 상당히 끈기가 있어 지하에 머무르면서 천천히 식게 되는데 이것이 관입암(貫入岩)인 화강암이다. 반면 끈기가 적은 현무암이나 안산암은 지표까지 거침없이 뚫고 올라와 대기 중으로 분출되고 땅 위에서 빠르게 식게 되는데, 이렇게 해서 만들어지는 것이 분출암(噴出岩)이다. 소위 화산이라고 하는 것은 이 분출암에 의해 만들어진 것이다.

10리는 5.4km

Geography

배의 속도는 노트(knot)라는 단위로 표시한다. 육지에서 시속 80km라고 하면 어느 정도 그 속도감이 느껴져도, 배의 속도가 30노트라고 할 때는 속도감이 가슴에 와닿지 않는다. 1노트는 1시간에 1해리(海里, nautical mile)를 가는 속도를 말한다. 1해리는 약 1,852m이므로 1노트는 1시간에 1,852m, 즉 약 2km를 가는 속도를 말한다. 따라서 30노트라면 육지에서 시속 약 60km 정도의 속도가 된다.

그러면 1해리는 하필이면 왜 1,852m인가? 성능이 시원찮은 구식 총의 사격 거리를 그 기준으로 했다는 우스갯소리도 있으나 근거 없는 이야기이다.

지구 상에는 경선과 위선이라고 하는 가상의 기준선이 있고, 이것을 기준으로 위도·경도를 나타낸다. 이때 적도상에서의 **위도 1도 (1°) 길이**는 평균 111.11km 정도가 되는데, 이를 60분(60′)으로 나누면 약 1,852m가 된다. 다시 말하면 1해리에서 1,852m라고 하는 것은 지구 상에서 위도 1분의 거리에 해당하는 수치이다. 이같이 위도 간격의 실제 거리를 1해리의 기준치로 삼은 것은 망망대해에서

위도 1도의 길이
실제 지구 상에서 위도 1도(1°)의 길이는 적도에서 가장 짧고 극지방으로 갈수록 길어진다.

항해 거리를 가늠할 수 있는 유일한 기준이 위도 간격이기 때문이다.

우리나라 고지도의 결정판으로 널리 알려진 김정호의 대동여지도 축척에 대해서는 크게 두 가지 이론이 있다. 하나는 1:160,000 축척이라는 주장으로서 이는 10리를 4km로 계산했을 때의 축척이고, 또 하나는 1:216,000 축척이라는 주장으로서 이는 10리를 약 5.4km로 계산했을 때의 축척이다.

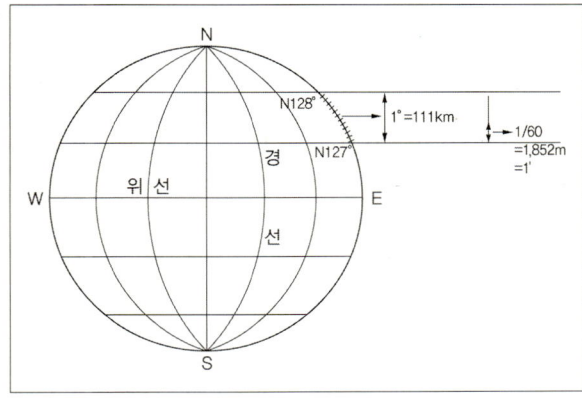

◘ 위도 1분의 거리

『대동지지(大東地志)』의 기록에 보면 "주척(周尺)을 단위로 쓰되 6척(尺)은 1보(步)이고, 360보는 1리(里)이며, 3,600보가 10리이다"라고 되어있다. 조선 시대에 사용된 1척은 31.24cm, 20.8cm, 25cm 등인데, 특히 순조 때에는 25cm를 기준으로 삼은 것으로 되어있다. 따라서 이를 기준으로 계산해 보면 6척, 즉 1보는 150cm이고 결국 10리는 5.4km가 된다. 조선 시대에는 위도 1도 거리를 200리로 계산하였는데 이를 근거로 할 경우 111.11km가 200리이고 이를 환산하면 10리가 5.5km 정도가 된다.

10리를 4km로 삼게 된 것은 일제 시대 토지측량사업에서 이 기준을 사용하면서부터이다. 알고 써야겠다.

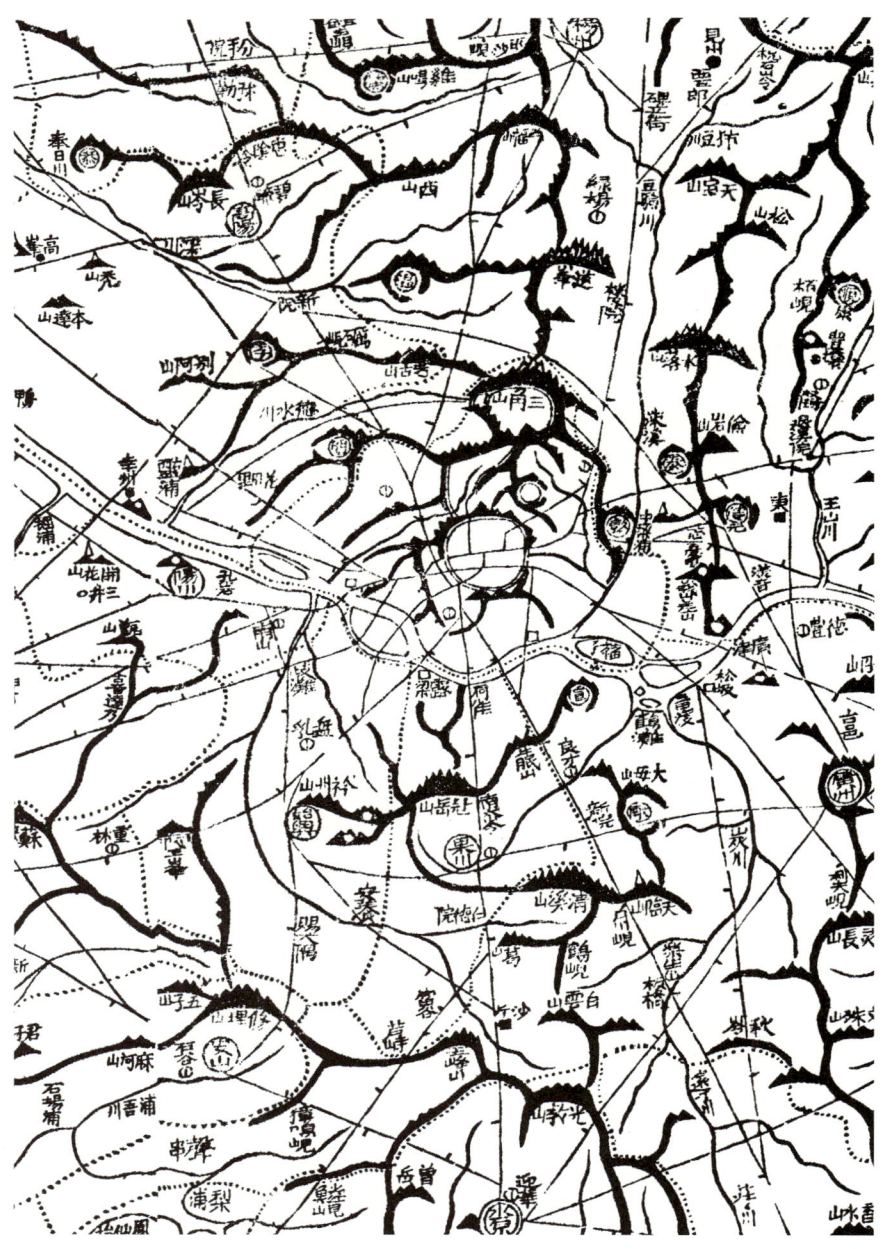
대동여지도

지형과 인간생활

제4부 황사의 신비

황사의 신비

Geography

황사는 왜 봄에만 나타나는가?

황사의 본명은 풍성진(風成塵, eolian dust: 바람에 의해 형성된 모래 먼지)이다. 우리나라에서는 예부터 흙이 비처럼 떨어진다고 해서 흙비 또는 토우(土雨)라고 했고, 1954년부터 황사라는 이름을 갖게 되었다. 황사의 발원지 중국에서는 모래폭풍, 세계적으로는 아시아 먼지(Asian dust)로 불린다. 그렇다고 해서 황사가 아시아의 전유물만은 아니다. 북부 아프리카의 사하라 사막에서는 지중해의 남부 이탈리아 쪽으로 시로코라는 모래바람이 부는데 이것도 일종의 황사 현상이며, 그 밖에 북아메리카 남서부, 오스트레일리아 내륙 사막지대 등도 모두 황사의 발원지로 알려져 있다.

황사 발원지인 중국의 모래폭풍은 우리의 황사와는 차원이 다른 심각한 자연재해의 하나이다. 갑자기 나타나는 강력한 모래폭풍은 건강에 결정적인 악영향을 주는 것은 물론, 1km 앞이 보이지 않을 정도로 시계를 어둡게 한다. 중국에서는 10km 이상 볼 수 없는 모래폭풍은 양사(揚沙)라고 하고, 우리나라의 황사에 해당하는 것은

◀ 서울의 황사

부진(浮塵)이라고 하여 구분해서 쓴다.

황사의 발원지는 중국 내륙 건조지대와 반건조지대이다. 그러나 최근 그 발원지가 동쪽으로 점차 확대되고 있어 우리나라의 황사피해 정도는 더욱 심각해질 것으로 예측하고 있다. 발원지의 황사 중 그 크기가 0.02mm 이상 되는 큰 것들은 발원지 주변에 떨어지지만 그보다 작고 가벼운 입자들은 더 멀리까지 이동해 며칠 뒤에는 우리나라까지 불어온다. 우리나라까지 오는 황사는 대략 발생량 중 50% 정도라고 한다.

그러면 황사는 하필이면 왜 봄철에만 나타날까?

황사 발생에 필요한 지리적 조건은 건조한 지표면, 잘 부서지는 마른 흙과 강풍, 그리고 북서풍과 같은 대기의 흐름 등이다. 사계절 중 다른 계절도 부분적으로는 이들 조건을 갖추고 있지만 모든 조건을 만족시키는 계절은 바로 봄이다. 봄철 거리에 세워둔 자동차를 흙 범벅으로 만들어버리는 '붉은색의 흙비'는 중국 내륙 건조역의 지리적 산물이다. 가끔은 겨울에도 발생하는데 이때는 '빨간 눈(赤雪)'이 내린다.

황사는 양면성을 갖고 있다. 중금속을 포함한 미세한 먼지로 되어있어 사람의 건강에 결정적인 피해를 주고 청결성을 최우선으로 하는 각종 첨단 산업에 치명적인 피해를 주기도 하지만, 황사 자체는 알칼리성이므로 산성화된 우리나라 토양을 중화시키는 긍정적인 효과가 있다. 바다에 떨어지는 황사는 자연적인 '적조 발생 예방 효과'도 갖고 있다.

한 번의 황사가 나타나면 우리나라 상공에 약 100만 톤의 먼지가 덮이게 되는데, 이 중 5~6만 톤 정도가 한반도에 떨어진다고 한다. 오랜 세월 이러한 과정이 반복되면 두꺼운 황토가 만들어진다. 이를 지리학적으로는 뢰스(loess)라고 한다.

황사의 선물 뢰스

발생지에서 하늘 높이 날아오른 황사는 편서풍이나 무역풍을 타고 운반되다가 육지나 해저 또는 호저에 퇴적되는데, 이 중 특히 육지에 쌓인 것을 뢰스라고 한다. 주로 석영(40~80%)과 장석(10~20%) 성분이 많으며 그 밖에 산화칼슘($CaCO_3$), 산화마그네슘($MgCO_3$) 등의 가용성(可鎔性) 탄산염류가 포함되어 있다.

뢰스가 무너지지 않고 단단하게 지탱되는 것은 탄산염류의 **교결작용**(cementation) 때문이다. 황토라고 보통 표현하는데, 그 색은 단순히 황색이 아니며 담황색이나 회색을 띤다. 이러한 색은 풍화되지 않은 상태에서 탄산염으로 포화되어 있기 때문이다. 그러나 이

교결작용
퇴적물 속에 들어있는 여러 광물 입자들이 서로 단단하게 결합되는 작용이다. 이는 퇴적물이 퇴적암으로 바뀌는 데 있어 필수적인 과정이다.

러한 뢰스가 지표 상에 오랜 기간 동안 노출되면 탄산염은 빠져나가고 화수산화철(和水酸化鐵)이 유리(遊離)되기 때문에 색은 갈색을 띠게 된다.

뢰스는 그 발생지의 지리적 특성에 의해 빙하 기원 뢰스와 사막 기원 뢰스, 두 가지로 나눈다. 이 중 우리가 잘 알고 있는 것은 건조 기후지역에서 발생하는 사막 뢰스이다.

빙하는 그 자체의 엄청난 무게로 인해 천천히 계곡 아래쪽으로 흘러내리는데, 이때 기반암이 마찰되면서 많은 양의 암분, 즉 고운 입자의 돌가루가 만들어진다. 암분은 빙하 바닥을 따라 흐르는 융빙수에 의해 빙하 말단부로 운반되어 결국에는 빙하 주변부에 쌓인다. 빙하 주변부, 즉 말단부는 주빙하기후지역으로서 이곳은 특유의 강한 편서풍이 부는 곳이다. 빙하 주변부에 쌓인 암분은 편서풍에 의해 하늘 높이 날아올라 황사가 되고 이것은 바람을 따라 동쪽으로 운반되다가 광범위한 지역에 걸쳐 퇴적된다. 이것이 빙하 기원의 뢰스이다. 빙하 기원 뢰스는 지구가 지금보다 매우 추웠던 빙하시대(빙기)에 주로 형성된 것이지만, 지금도 빙하가 존재하는 알래스카 등지에서는 여전히 상당한 양의 빙하성 뢰스가 퇴적되고 있다.

빙하 뢰스는 빙하시대에 대규모의 빙하가 발달한 유럽이나 북아메리카 중앙부, 시베리아, 남아메리카, 뉴질랜드 등 편서풍이 부는 위도 20~60도에 대량으로 분포한다. 이 위도상에 위치한 우크라이나, 북아메리카의 그레이트플레인스, 남아메리카의 팜파 등에 발달한 비옥한 흑토(체르노젬=프레리토=몰리솔)는, 바로 편서풍이 운반한 이들 빙하 뢰스로부터 만들어진 것이다.

사막 뢰스는 사하라 사막의 주변인 지중해 연안이나 사헬 지방

▲ 북아메리카 그레이트 플레인스(네브래스카)

등에 넓게 분포한다. 그 밖에 아라비아 반도, 이란, 아프가니스탄, 파키스탄, 인도, 중앙아시아의 사막 주변, 그리고 남반구 오스트레일리아 대륙 사막 주변 등지에도 폭넓게 분포한다. 동아시아에서는, 내륙 사막이나 티베트 고원의 풍하(風下: 바람이 불어가는 곳)에 해당되는 황토고원을 비롯하여 중국 동부 일대에 분포한다. 그러나 황토고원의 경우, 빙기에 티베트 고원이나 천산산맥의 빙하로부터 운반된 빙하 뢰스가 사막 뢰스에 합쳐져 있다는 점에서, 타 지역의 사막 뢰스와는 다소 성격이 다르다.

우리나라는 편서풍대에 속하고 아시아 대륙의 풍하에 해당되기 때문에 내륙사막이나 티베트 고원, 그리고 빙하시대에 육지로 드러났던 동지나해의 해저로부터 날아온 황사가 넓게 퇴적되었었다. 그러나 개발의 역사가 오래되었고, 삼림의 파괴에 의해 토양이 유실되어 있기 때문에 뢰스가 잔존하는 장소는 한정되어 있다.

우리나라에서 일반적으로 '황토'라고 부르는 것은 단순히 그 토양 색을 기준으로 부르는 것으로서, 반드시 '뢰스'를 지칭하는 것은 아니다.

황사의 두 얼굴

봄철에 우리나라에 찾아오는 불청객 황사가 역사적으로 우리 인류 문명에 끼친 영향은 결코 작다고 할 수 없다.

서아시아의 비옥한 '초승달 지대'를 비롯하여 고대 문명을 꽃피웠던 지역은, 풍부한 물을 얻을 수 있는 큰 강 주변이라는 공통점을 갖고 있다. 그러나 이것만으로는 고대 문명의 지리적 특징을 설명하기에 부족하다. 또 하나의 지리적 특징은, 황사에 의한 비옥한 사막 뢰스가 퇴적된 곳이라는 점이다.

이스라엘을 비롯한 지중해 연안지역이나 서아시아 일대는, 빙기의 한랭한 시기에 습윤화하고, 사하라 사막이나 아라비아 반도 등의 건천으로부터 풍성진이 날아와 사막 뢰스가 퇴적되었다. 비옥한 토양성분을 다량 함유한 풍성진은 바로 이곳에서 시작된 농업에 무엇보다 귀중한 선물이 되었다. 이러한 지역에는 최종 빙기 정도는 아닐지라도 현재도 여전히 사하라나 아라비아 반도 사막으로부터 풍성진이 날아오고 있다.

한편, 표고 1,000m 정도의 터키, 아나톨리아(Anatolia) 고원에는 흑토의 하나인 체르노젬이 발달해 있다. 이 토양은 빙기에 북유럽으로부터 날아와 퇴적된 빙하 뢰스가 모재(母材)가 된 것이고, 옛날의 아나톨리아는 보리 수확이 약속된 풍요한 토지였다. 그러나 현재는 이 땅에서 오랜 기간 행해져 온 방목에 의해 비옥한 흑토는

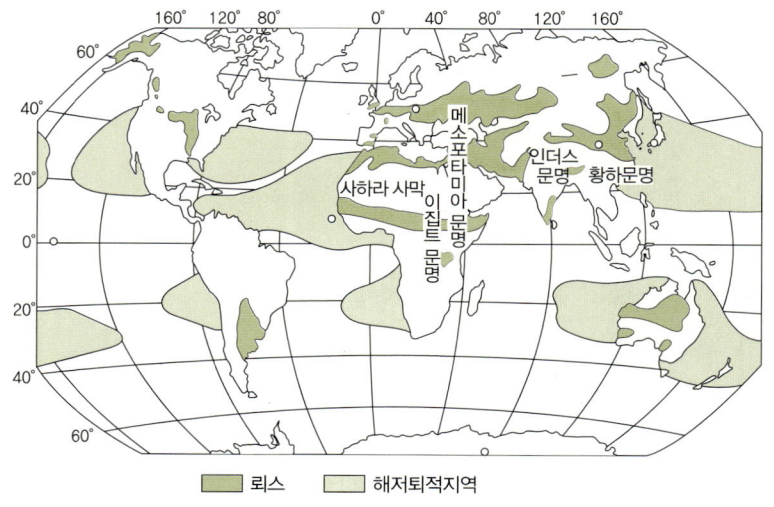

뢰스의 분포와 고대 문명
(자료:小泉格·安田喜憲, 1995)

현세
지금부터 1만 년 전에 시작되어 현재까지 이르는 지질시대이다. 지구의 마지막 빙하기가 끝난 시기이며 인류 문화가 출현한 시기이기도 하다.

소실되고, 거의 남아있지 않다.

중국의 황토지대에서는 최종 빙기에 두꺼운 황토가 퇴적되었다. **현세**(Recent)가 되자 활성화된 몬순이 내륙부에도 습윤한 기후를 가져와, 황토지대는 초원이나 삼림으로 바뀌었다. 이곳에서는 황토 속의 칼슘이 부식(腐植)을 결합시켜, 체르노젬과 닮은 풍부한 흑토가 생성되었다. 이 흑토는 곡물의 생산, 특히 맥류의 생육에 있어 최적이고, 황하유역에 개화된 황하문명의 기초가 된 것으로 생각된다. 그러나 황토고원의 과도한 개발은 식생의 파괴와 풍부한 흑토의 침식을 초래했을 뿐만 아니라, 황사가 빈발하게 만들었다.

우리들의 문명은, 기후변동이 가져다준 과거의 유산 위에 성립된 것임을 잊어서는 안 된다. 최종 빙기의 격렬한 기후가 가져온 풍성진도 자연유산의 하나이다.

원래, 자연조건이 열악한 토지에 사막이나 빙하로부터의 선물인 풍성진이 날아와 비옥한 토양을 형성하였다. 이러한 땅에 고대 문명이 개화하였지만, 얼마 지나지 않아 인더스 지역과 같이 건조기후로 변하거나, 서아시아와 같이 토양 관리를 게을리 한 결과, 곧 원래의 혹독한 자연으로 돌아가 버리고 만 예를 얼마든지 보아왔다.

그러나 다행스럽게도 이러한 지역에는 현재도 사막으로부터 풍성진이 풍성하게 날아오고 있다. 따라서 적극적으로 녹화를 진행시키면 대기 중에 부유하는 풍성진이 식물에 포획되어 대지를 다시 비옥한 토양으로 되돌려 놓을 수가 있다.

이집트가 나일 강의 선물이듯이 하천의 혜택은 고대 문명을 탄생시켰지만, 사막이나 빙하가 가져온 비옥한 풍성진도 또한 고대 문명의 발전에 기여했음은 말할 것도 없다. 그런 점에서 지중해 연안이나 서아시아 문명은 사하라나 아라비아 사막의 선물, 중국의 문명은 아시아 내륙사막이나 티베트 고원의 선물이라고 해도 좋을 것이다.

중국의 상징 황토고원

중국 대륙의 서북부에 광대한 고원이 있다. 광활한 황색토의 이 고원을 사람들은 황토고원이라 부르고 그 황토고원을 가로질러 황하(黃河)가 흐르고 있다. 그 이름 때문에 많은 사람들이 황하 전체가 '누런 진흙탕 물'인 것으로 생각하지만 실제는 그렇지 않다. 멀리 서쪽의 칭하이(靑海)로부터 흘러오는 이 강물은 본래 푸르고 맑지만 이곳 황토고원을 지나면서 많은 토사(土砂)가 강으로 흘러들어 누런색을 띠게 되는 것이다. 황하라는 말이 어울리는 곳은 황토고원으로부터 그 아래쪽인 것이다. 황토고원은 황토가 쌓여 만들어진 곳

🔼 중국 서안의 황토 가옥

토양입자
토양은 주로 모래, 실트, 점토 물질로 구성되어 있다. 이 중 가장 고운 것이 점토, 가장 굵은 것이 모래이며, 실트는 그 중간 정도이다.

이다. 지형학적으로 황토는 뢰스라고 한다. 뢰스는 주로 실트(silt)로 이루어진 회색 내지 담황색(淡黃色)으로, 바람이나 빙하에 의해 운반된 먼지가 쌓여 만들어진 퇴적물을 말한다. 독일의 지리학자 리히트호펜은 중국을 탐사한 결과, 중국의 뢰스, 즉 황토는 바람에 의해 퇴적된 것이라고 설명하였다. 황토고원의 면적은 273,000km²로서 남북한을 합친 우리나라 전체 면적(약 220,000km²)보다도 넓으며, 그 두께가 얇은 곳은 수십 미터, 두꺼운 곳은 200m 이상 되는 곳도 있다.

인류는 6,000년 전부터 황토고원에 거주하면서 농경생활을 해왔다. 이는 황토와 함께 그 젖줄인 황하가 흐르고 있기 때문이다. 황토고원, 황하는 중국 대륙의 수백만 년의 역사, 수천 년 중국 문명의 역사적 상징이 되고 있다.

이 황토고원에 사는 중국인들은 오래전부터 이곳에 굴을 파고 소위 혈거(穴居) 생활을 해왔고, 1981년 통계로도 약 4,000만 명의 주민들이 '황토굴' 속에서 생활하고 있다. 황토는 그 입자가 곱고 균질(均質)로 되어있으며 건조하기 때문에 여기에 굴을 파더라도 무너지지 않고 모양이 그대로 유지되어 안전하게 생활할 수 있다. 굴은 수직 절벽에 동굴처럼 파고 들어가기도 하지만 평면을 수직으로 파 내려가 지하에 동굴을 만들기도 한다. 이 지역은 건조지역이므로 이렇게 만들어도 침수 등의 피해를 입지 않는다. 이러한 토굴을 중국에서는 요동(窯洞)이라고 한다.

요동은 천연의 냉난방 시스템을 갖춘 가옥이라고 할 수 있다. 요동 내부에서는 하루 종일 기온변화가 거의 없다. 이것은 바깥쪽으로 통하는 곳이 한 곳뿐이고 나머지 5면(3개의 벽면과 바닥, 그리고 천장)을 구성하는 황토의 단열성(斷熱性) 때문이다. 황토의 단열 효과는 우리가 흔히 사용하는 콘크리트에 비해 약 4배나 되는 데다 요동 위를 두꺼운 황토가 덮고 있어 그 효과가 더욱 큰 것이다.

겨울밤에 방 안의 공기 온도와 벽면의 온도를 비교해 보면 같거나 오히려 벽면 온도가 실내 공기 온도보다 높게 나타나고 있어, 황토 자체가 귀중한 열원(熱源)이 되고 있음을 알 수 있다. 바깥 기온이 영하 4도로 떨어질 때 난방을 하지 않아도 실내 온도는 영상 5도를 유지할 수 있다. 여름에는 반대로 황토벽이 실내 온도보다 낮아 시원한 천연 에어컨 역할을 한다. 그뿐만 아니라 황토고원의 겨울철 습도가 10%에 지나지 않을 때에도 실내 습도는 30~50%로 유지된다. 이와 같은 천연 냉난방, 습도 조절 시스템을 갖춘 곳이 또 어디 있겠는가?

그러나 요동이 이렇게 편리함만 갖고 있는 것은 아니다. 환기가

황토고원의 요동 ▶

제대로 안 되고 어둡기 때문에 생활에 불편도 많다. 따라서 최근에는 황토의 자연적 특징을 살리면서도 쾌적한 생활을 할 수 있도록 요동을 현대식으로 개량하는 연구를 계속하고 있다.

화산과 인간

Geography

고대 문명이 사라진 것은 화산활동 탓

고대 문명은 3,500년 전에 사라진 것으로 알려져 있다. 왜 하필 3,500년 전일까?

방사성 탄소 측정, 화분 분석 등의 결과를 보면 3,500년 전의 시기는 세계적으로 큰 기후변동이 있었던 시기이다. 기후변화의 원인은 명확히 규명되지 않고 있으나 화산 분화와 관련시켜 생각하는 학자들이 많다. 대규모 화산활동이 있으면 대량의 화산재가 지구 대기를 둘러싸게 되고 이로 인해 일사량이 감소하여 기온은 내려가고 대기는 건조해진다는 이론에 바탕을 둔 것이다. 실제 3,500년 전을 전후로 하여 화산활동이 활발했다는 사실이 세계 각지의 화산재 연구 결과 밝혀졌다.

이와 같은 건조화로 인해 고대 문명의 배후 농경지들은 소멸되었고, 큰 강 주변의 관개 농경지들도 강수량 감소와 토양의 염분 농도 증가 등에 의해 점차 황폐화되어 간 것이다. 결국 고대 문명은 건조화가 더욱 촉진된 3,500년 전을 전후로 하여 소멸하고 말았다.

그러나 고대 문명 중 에게 해의 미노아(Minoa) 문명은 그 발생과 멸망의 과정이 특이하다. 이 문명은 4대 농업 문명, 즉 나일, 메소포타미아, 인더스, 황하 문명과는 달리 해상교통의 결절 지역에 위치하는 해양 문명으로서 토지 생산력이 낮은 크레타 섬을 중심으로 발달하였다. 이 지역은 과거부터 화산폭발이 빈번한 지역으로서, 이러한 사실은 미노아 건축양식이 모두 지진에 잘 견딜 수 있도록 설계한 것만 보아도 잘 알 수 있다. 그러던 중 1만 3,000년 전부터는 다소 화산폭발이 진정되었고 초목이 무성한 안정시대로 접어들었으며 이때를 틈타 이러한 안정된 토지 위에 미노아 문명이 발달하기 시작하였다. 그러다가 약 3,300년 전을 전후로 하여 다시 대규모 화산폭발이 있었고 이를 계기로 결국 미노아 문명은 사라지고 말았던 것이다.

미노아 문명을 멸망시킨 것은 지중해 크레타 섬 북쪽, 에게 해 남부 소군도(小群島) 중 가장 큰 섬인 산토리니(Santorini)의 폭발이었다. 기원전 1628년의 산토리니 대폭발로 화산재가 동부 지중해를 지나 이집트와 홍해에까지 이른 것으로 학자들은 추정한다. 당시의 화산폭발 상황은 성서 속에 나오는 애굽, 즉 이집트의 재앙에 관한 이야기(출애굽기, 6:28, 14:31)와 상당히 일치하고 있어 흥미롭다.

성서에서 "캄캄한 흑암이 삼 일 동안 애굽 온 땅에"(출애굽기, 10:22)라고 표현한 것은 화산 분화 초기에 이집트를 남부로 가로질러 간 화산재 구름(tephra clouds)에서 기인한 것으로 생각할 수 있다. "물이 다 피로 변하여"(출애굽기, 7:20)라는 표현도 화산 분화에 의해 떨어진 분홍색 경석(輕石, pumice)으로 설명할 수 있다. 퇴적된 경석은 빗물에 쉽게 섞여 하천으로 흘러들어 가게 되고 결국 하천은 붉은색으로 변하게 된 것이라고 학자들은 주장한다.

펠레 화산과 파나마 운하

화산이 분화할 때는 많은 양의 화산재(에어러졸)가 대기로 방출된다. 이 화산재는 우선 대기 중에 오랜 시간 머물면서 지구 표면온도를 일시적으로 저하시켜 국지적인 한랭화 현상을 가져온다. 물론 대기 중 먼지들이 일시적인 온실효과를 일으켜 기온이 상승되기도 하지만 한랭효과가 워낙 크기 때문에 그 영향은 미약하다. 그리고 날아올랐던 화산재들은 땅 위로 일시에 내려앉으면서 인간이 이룩해 놓은 문명의 흔적들을 송두리째 삼켜버리기도 한다.

펠레 화산은 카리브 해 마르티니크 섬의 수도 생피에르의 배후에 솟아있는 화산이다. 마르티니크 섬은 1493년 콜럼버스가 방문했던 섬으로 널리 알려져 있다. 당시 인구 약 3만 명이었던 생피에르 마을은 사탕과 럼의 적출항으로서 번영을 누리고 있었다. 그러나 1902년의 펠레 화산 대분화는 하루아침에 평화로운 이 섬을 지옥으로 만들어놓았다. 5월 8일 오전 7시 52분, 3~4회의 화산폭발 후, 펠레 화산은 거대한 검은 연기를 토해내었고, 하늘은 암흑의 세계로 변하여, 1m 떨어진 곳에 있는 사람의 얼굴을 알아보지 못할 정도가 되었다. 불과 2분 후에는 열풍이 시내를 휩쓸어, 두 사람을 남겨놓고 3만여 명이 사망했다. 금세기 들어 최대 화산 분화의 비극이 된 것이다.

살아남은 한 사람은 레앙드르라고 하는 사람으로서, 자기 집 안 계단의 두꺼운 벽 안쪽에서 큰 화상을 입은 채 피신해 있다 극적으로 구조되었다. 또 한 사람은 형무소 독방에 갇혀있던 오기스트 시파르스로, 창문이 없는 지하 감방에 감금되었던 덕택에 산 채로 매몰되었다가 4일 후에 구조되었다. 이를 계기로 그는 석방되었고 미국의 서커스단에 들어가 '생피에르의 수인(囚人)'으로 세계를 순회하는 일약 '스타'가 되었다.

펠레 화산의 참상을 전해 들은 미국의 루스벨트 대통령은 피해 복구에 전폭적인 지원을 명하였다. 동시에 많은 과학자들을 보냈고, 이는 화산학을 비약적으로 발전시키는 계기가 되었다. 펠레 화산 분화는 또한 당시 정치적인 고민거리를 간단하게 해결해 주었다. 지금의 파나마 운하는 당시 그 노선을 놓고 니카라과이와 파나마 두 곳 중 하나를 선택하는 데 어려움을 겪고 있었다. 결국은 화산이 많은 니카라과이는 펠레 화산 비극의 전철을 밟을 수 있다는 여론이 고조되어 지금의 파나마 루트로 결정되었다는 이야기이다.

특별한 지하수, 온천

Geography

온천과 광천, 그리고 약수

땅속에서 솟아나는 샘물 중에서 따뜻한 물을 온천이라고 한다. 그러면 어느 정도의 따뜻한 물이 나와야 온천이라고 할 수 있을까? 보통 그 지역의 연평균 기온 이상 또는 절대온도로는 섭씨 25도 이상 되는 샘을 말한다. 상대적으로 그 이하인 것은 냉천이다. 그러나 온천에는 대부분 광물이 녹아있으므로 광물질의 포함 여부로 온천을 정의하기도 한다. 즉, 우리나라의 경우 1/1,000 이상의 광물질이 함유되어 있으면 이를 온천이라고 한다.

그러나 광물질이 반드시 온천에만 들어있는 것은 아니고 냉천인 경우에도 얼마든지 광물질은 들어있을 수 있다. 따라서 물의 온도와는 관계없이 광물질이 들어있는 물을 가리켜 광천수라고 한다. 우리가 보통 약수라고 부르는 것은 냉천이면서 광천인 물을 가리키는데, 사실 개념적으로 볼 때 '약이 되는 물', 즉 '광물질이 함유되어 치료 효과가 있는 물'이라고 약수를 정의해 본다면, 약수는 곧 광천수이므로 냉천과 온천을 포괄적으로 뜻하는 것이 된다.

오색약수(강원도 양양)

쥐라기
지금부터 약 1억 9,000만 년 전에 시작되어 1억 4,000만 년 전까지 지속된 시기로서 중생대 중간 정도에 속한다. 지구 상에 공룡들이 가장 번성한 시기이며, 하나의 거대한 대륙(판게아)이 지금의 세계지도 모양으로 갈라지기 시작한 때이기도 하다.

 오색 약수터에 가서 약수를 맛있게 몇 사발이나 들이켜는 사람들은 많아도, 수안보 온천에 가서 온천수를 마시는 사람은 드물다. 그러나 제대로 온천 효과를 보려면 최소한 1주일 이상 머물면서 온천욕과 함께 물을 정성껏 마셔야 한다. 특히 위장병에 효험을 보고 싶은 경우는 두말할 것도 없다.

 국내 온천의 수질은 대체로 광물질이 적게 녹아있고 알칼리성이다. 온천수의 온도는 최고 섭씨 78도가 되는 곳도 있으나 대부분 섭씨 30~40도 정도이다. 물에 녹아있는 광물질 성분은 나트륨과 탄산이 가장 많은데, 경남 지역의 온천만은 나트륨과 염소가 많은 식염(소금)천인 것이 특징이다.

 국내 온천의 특징은 물속에 녹아있는 성분이 매우 적어 일반 지하수 농도와 큰 차이가 없다는 점이다. 국내 온천 수질은 물속에 녹아있는 광물질의 농도와 성분상 크게 세 가지로 나뉜다.

 첫째 그룹은, 척산에서 덕산 온천까지의 **쥐라기**(Jurassic period) 화강암과 수안보에서 유성 온천까지의 제2쥐라기 화강암을 포함해 덕구, 백암까지의 국내 대부분의 온천이다. 이 온천들은 전체 광물질 성분이 150~200ppm(1ppm=1/100만)으로 깊은 지하수의 광물질 농도 170ppm과 거의 비슷하다. 각 성분의 조성을 보면 양이온은 나트륨과 칼륨이 85%, 음이온은 탄산이 지배적이다.

둘째 그룹은, 포항을 중심으로 하여 경북 영천시 자양면, 청도군 청도읍까지의 지역으로, 수온이 비교적 낮은 편이고 물속에 녹아있는 성분은 산화황, 나트륨, 염소, 탄산 등으로 다양하다.

셋째 그룹은, 동래를 비롯하여 부곡까지의 경남 동부 일대의 온천으로, 수온이 높고 고농도의 수질을 갖고 있다. 이 지역의 온천수는 나트륨과 염소 또는 산화황이 많다. 북부 지역에 비해 알칼리성이 좀 약한 경향을 보인다.

온천을 찾는 방법

온천은 땅속에서 솟아나오는 뜨거운 물이므로, 온천을 개발하려면 땅속 어느 곳에 뜨거운 물이 있는지를 알아야 한다. 그러기 위해서는 땅을 파보아야 하는데, 무작정 여기저기 파헤칠 수는 없는 일이다. 그러면 어떻게 해야 하는가? 온천이 있을 만한 곳을 추적해 보아야 한다. 즉, 온천이 있는 곳의 지표(地表)는 지온과 지표수의 냄새와 맛 등이 다른 곳과는 다른 점이 많은데, 이것을 잘 관찰해 보면 된다.

일반적으로 식물이 특히 무성한 곳, 눈이 쌓이지 않거나 쌓여도 바로 녹는 곳, 뱀이 우글우글한 곳, 너구리굴에서 김이 모락모락 피어나는 곳 등은 일단 다른 곳보다 지온이 높다는 뜻이므로 온천이 있을 확률이 높다. 그리고 물에서 특이한 맛이나 냄새가 풍기는 곳 역시 온천의 징후(徵候)가 된다. 유화수소(H_2S)가 포함된 경우는 계란 썩은 냄새가 나고, 이산화탄소(CO_2)가 많이 들어있으면 상쾌한 맛이 난다. 또한 지도를 들여다보면 '온(溫)' 자가 들어간 지명이 많은 곳이 있는데, 이 지역도 온천이 솟아날 확률이 높다. 전국적으로 한국자원연구소의 수질 검사를 거친 공인된 온천물은 220곳으로, 이들 중 90%는 일반 물 성분에 약간의 광물질이 포함된 단순천이며 특이천은 10%에 지나지 않는다.

그러나 지방자치단체의 재원 확보, 개발 이익을 노린 기업의 치열한 경쟁, 허술한 온천법 등이 한데 어우러져 전국 곳곳에서 무분별한 온천 개발이 이루어지고 있고, 이로 인해 유사 온천 난립, 자연 파괴 등 각종 부작용이 잇따르고 있어 큰 사회문제가 되고 있다.

유사 온천이 난립하는 가장 큰 요인의 하나는 온천법이 너무 허술하다는 점이다. 현재 우리나라에서는 "지하로부터 용출되는 섭씨 25도 이상의 온수로서 인체에 해롭지 않고 배출 수량이 하루 평균 300톤 이상"(온천법 제2조, 제17조)인 곳을 온천으로 규정하고 있다. 또한 이와 같은 온천공을 세 곳 이상만 확보하면 온천지구로 지정할 수 있다. 현행 온천법에서는 이같이 수맥의 깊이에 대한 규정이나 온천수의 생명인 '인체에 유익한 성분'에 대한 별도의 규정이 없고, 단지 땅속에서 적정량 이상의 미지근한 물만 나오면 온천지구로 지정될 수 있는 것이다.

참고로 일본 온천법에서는 "지하에서 용출하는 온수, 광천수, 수증기 및 기타 가스로서 온도가 섭씨 25도 이상이거나 전체 고용물질(TDS)을 비롯하여 총 19개 성분(인체에 해롭지 않고 심미적으로 기분이 상쾌해지는 성분) 가운데 한 가지 성분을 함유한 것"을 온천으로 규정하고 있다.

행정안전부는 무분별한 온천 개발을 막기 위해 1995년 6월 28일 온천의 온도 기준을 강화하는 온천법 개정안을 입법 예고했다. 개정안에서는 온천의 온도를 지하증온율(100m 깊어짐에 따라 섭씨 3도의 상승률)을 배제한 섭씨 5도로 규정하였다. 즉, 지하 1km 깊이로 파고 들어갔을 경우 30도의 증온율을 감안하여 총온도는 섭씨 55도 이상 되어야 온천수 개발을 허가한다는 내용이다. 그러나 세원 확보에 차질을 우려한 지방자치단체들의 거센 반발로 국회 의결과정에서 보류되었다.

살아있는 지구의 선물

Geography

판구조론
(plate tectonic)
지각은 10여 개의 큰 땅 조각으로 나누어져 있고 이들 조각들이 그 아래쪽에 있는 액체 상태의 맨틀 위를 서서히 이동하면서 서로 충돌·마찰하여 지진, 화산활동이 일어나고 이와 함께 다양한 지표의 기복이 만들어진다는 이론이다.

칠레에는 왜 구리가 많은가?

달에도 지하자원이 있을까? 달의 지표면은 지구와 같은 물질로 구성되어있는 것으로 밝혀졌지만, 유용한 광물자원은 거의 없는 것으로 과학자들은 주장하고 있다. 그러면 그 이유는 무엇일까?

몇 개의 원소가 결합하여 안정된 결정구조를 갖는 물질을 광물이라고 하고, 이들 광물의 집합체를 암석이라고 한다. 그리고 특히 암석 중에 인간에게 유용한 광물이 집중적으로 농축되어 공업적으로 채산성이 높은 것을 광석이라고 한다. 광물이 농축되는 것은 물질순환이 반복된 결과이다. 지구 상에서 물질순환이 일어날 수 있는 것은 맨틀 대류현상과 관련된 판운동과 액체 상태로 존재하는 물의 운반작용(용해, 침전) 때문이다.

달의 경우 그 질량은 지구의 1/6밖에 안 된다. 따라서 탄생 이래 15억 년 정도가 지나자 달은 식어버리고 말았고, 맨틀 대류에 따른 물질순환도 1~2회밖에 일어나지 않았다. 또한 운반 수단으로서의 물이 존재하지 않기 때문에 이러한 조건하에서는 광물이 농축되기 어려운 것이다.

구리는 인류가 생활 도구를 만드는 재료로 이용하기 시작한 최초의 금속이다. 구리는 현재 지구 곳곳에서 채굴되는데, 그중에서도 안데스 산지는 '초목도 구리를 함유하고 있는 것은 아닐까'라는 생각이 들 정도로 구리 광상이 많다. 안데스(andes)라는 말 자체가 잉카어로 구리를 뜻한다. 안데스 산맥을 따라 남북으로 4,270km 연장된 국토를 갖는 칠레는 그중 대표적인 구리 생산국으로서 국내 구리 광산 수가 약 40개 이상이나 된다.

왜 칠레에 이렇게 많은 구리가 집중적으로 분포하는 것일까?

안데스 산맥의 구리 광상 분포를 상세히 관찰해 보면 크게 두 가지 특징이 있음을 알 수 있다. 첫째, 광상 대부분이 안데스 서측 사면을 따라 남북으로 여기저기 흩어져 있으며, 둘째, 해발고도가 높은 곳에 분포한다는 점이다. 이러한 곳은 화산활동이 활발한 곳이라는 특징을 갖는다.

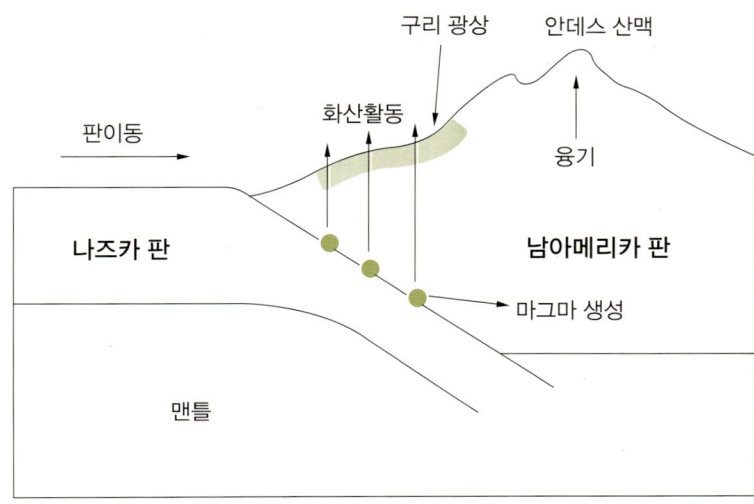

◼ 구리 광상의 생성

나즈카 판
태평양 판과 남아메리카 판 사이에 존재하는 작은 판

안데스 산지는 소위 '판운동'에 따른 융기, 그리고 이 과정에서 발생한 화산활동에 의해 만들어진 곳이다. 태평양 쪽에서 다가온 나즈카 판이 남아메리카 대륙을 싣고 있는 남아메리카 판과 만나, 나즈카 판이 남아메리카 판 아래쪽으로 파고들면서 그 경계부가 융기되어 안데스 산맥이 만들어졌다. 그리고 이 과정에서 두 판의 경계면에서는 마찰열에 의해 마그마가 만들어지고 이 마그마는 결국 화산활동을 일으키는 원천이 된 것이다. 이때 태평양 쪽, 즉 안데스 서사면 지하에서는 판과 판이 비교적 얕은 곳에서 마찰되므로 이곳을 따라 화산활동이 집중된 것이다.

칠레의 구리 광산은 판운동과 이에 따른 화산활동의 결과이다.

안데스 구리 농축의 비밀

화산의 지하 약 5~6km 되는 곳에는 직경 10km 이상 되는 거대한 마그마 저장고가 있다. 평평한 원반 형태를 한 마그마 체임버(Magma chamber)가 그것이다. 구리의 농축은 이 마그마 체임버 속에서 진행된다.

마그마 체임버의 마그마는 주위 지각에 열을 빼앗기면서 서서히 냉각된다. 이 마그마 냉각이 광물을 순서대로 결정화(結晶化)시키고 분리해 가며 이 과정에서 마그마가 포함하고 있는 물, 즉 마그마수(水)는 마그마로부터 분리되어 염소나 유황을 녹이면서 마그마 체임버 천장으로 떠오르게 된다. 천장에 만들어진 물웅덩이는 염소와 나트륨이 결합된 염화나트륨을 듬뿍 함유하고 있는데, 이는 '열수(熱水)의 바다'와 같은 모양이다.

구리는 고온의 물속에 염소가 있으면 쉽게 녹는 성질을 가지고 있다. 따라서 구리도 마그마에 녹아 들어가면서 천장의 열수 바다로 이동해 간다.

열수의 압력은 점차 증가하고 결국에는 주변 암벽을 가르고 침입해 들어간다. 침입된 열수는 차가운 지하수와 혼합되면서 온도가 내려간다. 온도가 내려가면 용해도(溶解度)가 내려가고 구리는 주로 유황과 결합되면서 결국 결정이 되어 암벽의 틈 속에 침전되어 간다. 이렇게 하여 농축된 것이 바로 동광석 중에서도 대표적인 황동광(黃銅鑛)이다.

세계 최대의 구리 광산인 추키카마타의 광상은, 이 황동광이 2차적으로 농축된 것이다. 이와 같은 2차 농축은 지하수와 건조한 기후 때문이다. 황동광의 광상을 침투한 지하수는 이 광상을 둘러싸면서 대량의 산소를 공급해 준다. 산소의 활동으로 구리가 녹고 이는 농도를 높이면서 아래쪽으로 이동하고 이곳에서 유화물로서 재결정된다. 이것이 현재 채굴되는 휘동광(輝銅鑛)이다.

광상 상부는 건조한 기후 때문에 수분이 증발되고, 이로 인해 추출된 염소가 구리와 결합되고 아타카마이트라고 하는 구리 광상이 만들어진다. 아타카마이트는 녹색을 띤 아름다운 광물로서 아타카마 사막에서 최초로 발견되어 붙여진 이름이다.

결국 이러한 메커니즘으로 인해 이곳 구리 광상은 상부의 아타카마이트, 하부의 휘동광 등 두 개 층으로 형성되어 있다. 따라서 우선적으로 채굴하기 쉬운 것이 아타카마이트이므로, 1915년부터 채굴하기 시작한 추키카마타 광상의 아타카마이트층은 이미 채굴이 끝났다. 현재 채굴되는 것은 그 아래쪽에 존재하는 휘동 광상이다.

페그마타이트
거정화강암(巨晶花崗巖)이라고도 한다. 주로 석영과 장석으로 이루어진 조립질(粗粒質) 화강암으로써 암맥 형태로 나타난다. 유동성이 큰 마그마가 모여 이미 고결된 화강암이나 주위의 암석을 뚫고 들어가 만들어진다.

구리 농축에 도움을 준 것은 결국 유황인데 이들 유황도 자원으로 함께 채굴된다. 유황은 지하에서 발생한 마그마가 마그마 체임버 속에서 각종 광물을 농축하면서 마지막으로 남은 앙금(찌꺼기)이다.

해발 6,186m인 정상에는 유황 광산이 있는데 세계에서 가장 높은 광산이다. 이곳에는 또 세계에서 가장 높은 곳에 위치한 축구장도 있다. 너무 고도가 높기 때문에 고원국가인 볼리비아 광원들에게 채굴을 의뢰하고 있을 정도이다. 안데스의 지하 깊은 마그마 체임버에서는 지금도 구리를 농축시키고 있을 가능성이 높다.

에메랄드의 고향, 브라질 순상지

에메랄드는 찬란한 녹색의 빛을 발하는 보석으로, 기원전 4,000년부터 인류가 애용해 왔다. 그 성분은 대륙 지각의 주성분인 산화규소와 산화베릴륨(beryllium)이며, 녹색을 띠는 것은 그 속에 크롬을 함유하고 있기 때문이다.

에메랄드는 물, 이산화탄소, 염소 등의 가스를 가득 포함한 마그마가 냉각되어 가스가 풍부한 **페그마타이트**(pegmatite) 암맥으로 변질되어 가는 과정에서 만들어진다. 마그마 속에는 에메랄드의 재료를 함유한 가스가 마치 물엿 속에 갇혀있는 기포(氣泡)처럼 갇혀있다. 에메랄드는 이 기포 속에서 천천히 시간이 지남에 따라 점차 성장하여 결정(結晶)이 되어간다.

만약 지각변동이 일어나면 마그마 속에 포함된 기포가 달아나 버리므로 에메랄드와 같은 보석이 만들어지기 위해서는 오랫동안 지각이 안정되어 있어야 한다.

◀ 브라질 순상지. 브라질, 파라과이, 아르헨티나 등 3국 국경지대의 경관이다. 우측으로 파라나 강, 그리고 좌측으로 이과수 강이 순상지를 흐르고 있다.

이러한 안정된 조건을 만족시키는 곳이 바로 **순상지**(楯狀地)이다. 그리고 거대한 순상지는 거대한 페그마타이트 암맥이 만들어지는 것을 가능하게 해준다. 또 암맥이 크면 클수록 에메랄드를 성장시키는 기포도 커지게 된다. 훌륭한 보석을 생성시키는 조건의 하나는 큰 원석(原石)이 형성되어야 하는 것인데 이는 순상지의 거대한 대지 가운데에서 형성될 수 있다.

순상지는 글자 뜻 그대로 방패를 엎어놓은 모양의 매우 완만하고 낮은 평평한 땅덩어리이다. 이는 대륙이 형성된 뒤 큰 지각변동 없이 침식만 받은 곳으로서 과거 대륙의 '뿌리(핵)'에 해당되는 부분만 남아있는 곳이라고 볼 수 있다. 캐나다, 시베리아, 아프리카, 오스트레일리아 등 세계 대륙은 모두 옛날 순상지를 핵으로 하여 만들어진 것이다. 남아메리카 대륙도 5개의 순상지를 핵으로 하여 만들어진 복합체이다.

따라서 순상지의 가장 큰 특징은 그 생성 시기가 매우 오래되었

순상지
지질학적으로 지구 상에서 가장 오래된 땅으로, 오랜 기간 동안 조산운동과 같은 큰 지각변동 없이 대륙의 완만한 융기와 침식 작용에 의해 만들어진 지형이다. 명칭은, 그 생김새가 마치 방패(楯)를 엎어놓은 듯이 표면이 거의 평탄하고 단단한 데서 유래되었다. 이러한 특징 때문에 안정지괴 혹은 안정육괴라고 부르기도 한다. 세계의 각 대륙에는 크고 작은 순상지가 분포하는데 북유럽의 발트 순상지, 북아메리카의 캐나다 순상지, 남아메리카의 브라질 순상지 등이 대표적인 예이다. 아프리카 대륙은 그 대부분이 순상지이지만 형태적인 면에서는 탁상지라는 말을 함께 쓰기도 한다.

발트 순상지: 핀란드 헬싱키에서 스웨덴 스톡홀름으로 향하는 카페리의 선상에서 바라본 발트해와 순상지 ▶

화성작용
지하 깊은 곳에서 형성된 마그마가 지표로 분출하거나 기존 암석 속으로 관입하여 암석이 만들어지는 현상, 그리고 이에 관련된 모든 현상.

다는 것인데, 브라질 순상지의 경우 어떤 화강암지대는 25억 년 전에 만들어진 것도 있다.

만약 지각에 대변동이 없으면 어떤 산이라도 5억 년 정도 지나면 풍화·침식작용에 의해 붕괴되어 버린다. 다시 말하면 브라질 순상지의 저평한 모습은 이 순상지가 변동을 경험하지 않은 안정된 대지라는 것을 말해주는 것이다.

이 안정된 순상지에도 대규모 **화성작용**(火成作用, igneous activity) 흔적이 있다. 그 증거는 페그마타이트라고 하는 암석이다. 페그마타이트는 '단단한 암석'이라는 의미이다. 그 이름대로 상당히 단단하다. 페그마타이트도 마그마가 장시간에 걸쳐 변질되어 만들어진 암석이다. 이 페그마타이트층은 수정, 에메랄드 등 보석을 많이 산출하는 광상으로 이루어져 있다. 브라질의 페그마타이트는 에메랄드, 루비, 토파즈 등 양질의 보석을 다량 산출하고 있다. 이는 양질의 보석을 생성하는 조건을 순상지가 갖추고 있기 때문이다.

지진 예보관, 문어

Geography

　그동안 안전지대로 알려졌던 우리나라도 최근 잦은 지진으로 인해 결코 안전하지 않은 지대로 인식되고 있다.
　지진은 현대과학이 아직까지 풀지 못한 수수께끼 중의 하나이다. 지진에 관한 많은 연구가 진행되어 왔지만 문제는 여전히 현대 과학으로도 지진이 일어날 시간과 장소, 규모 등을 정확하게 예보하지 못한다는 점이다.
　그래서 일부 과학자들은 지진에 민감한 동물들을 '지진 예보관'으로 삼을 것을 제안하기도 한다. 실제로 동물들의 지진 예보 능력은 곳곳에서 증명되고 있다.
　중국 광둥(廣東) 성 잔장(湛江) 시 지진국은, 1994년 12월 31일과 1995년 1월 10일 진도 6.1 이상의 지진이 중국 남부에서 두 차례 발생하기 전, 닭·돼지·쥐·고양이·문어 등의 동물들이 종전에 전혀 볼 수 없었던 기이한 행동을 보인 사례를 8건이나 수집했다고 홍콩의 ≪문회보(文匯報)≫가 보도하였다.
　잔장 시 지진국이 공개한 이와 같은 이상 행동들은 동물의 지진 예보 능력을 잘 보여주고 있다. 중국 북부 만(灣) 연안인 광둥 성 쑤이시(睢溪) 현 주민들은 12월 31일 지진이 발생하기 전 10여 일간에 걸쳐 바다 속의 문어들이 기이할 만큼 수없이 연안으로 몰려 나오는 것을 목격했다는 것이다. 또 롄장(連江) 시의 한 양계장에서는 지진 발생 3일 전인 12월 28일부터 닭들이 일제히 모이를 먹지 않다가 지진이 끝난 다음 식욕을 회복했다. 같은 지역 내 난산(南三) 중학교의 한 교사는 지진 발생 2일 전 교내의 지구자기 관측실에서 많은 쥐들이 날뛰고 서로 꼬리를 문 채 한 줄로 늘어서 사람을 보아도 전혀 겁내지 않는 이상 현상을 관측했다. 1월 10일의 지진을 앞두고도 동물들의 이상한 행동이 관찰되었다. 레이저우(雷州) 시 진싱(金星) 농장에서 키우는 돼지들은 지진 발생 20분 전 마구 날뛰다가 돼지우리를 뛰어넘어 달아났다. 또 레이저우 시 과학위원회의 한 간부가 가정에서 기르던 닭들은 지진 발생 하루 전날에는 아무리 몰아대도 닭장에 들어가려 하지 않았다고 한다.

중국에는 강(江)과 하(河)가 있다

Geography

중국에 양쯔 강은 없다

중국에서는 예부터 강(江) 하면 창장 강, 하(河) 하면 황하를 칭하였다. 창장(長江) 강은 길이 6,300km로서 나일 강(6,690km) 다음으로 아마존 강과 함께 세계에서 둘째로 긴 강이다.

그 수원지는 해발 6,000m에 가까운 산지이지만 약 3,000km 내려가 쓰촨(四川) 분지에 이르면 해발 고도는 300m 정도로 낮아진다. 하구에서 2,500km 상류에 위치한 충칭(重慶)에서는 하폭(河幅)이 800m나 되는데 이곳에서 1,400km 정도 아래쪽에 있는 우한(武漢)까지 2,700톤의 정기선이 운항되고 있다. 운항에는 2박 3일이 소요된다. 충칭을 출발하여 쓰촨 분지를 지나면 단애 절벽의 싼샤(三峽)가 있다.

싼샤에서는 하폭이 30m 정도로 좁아지는 곳이 있고 유속도 급격히 빨라진다. 이곳은 하폭을 확장하여 3,000톤 전후의 배가 다닐 수 있게 되었다. 지금은 이러한 지형적 특징을 이용하여 이곳에 만리장성 이래 최대 토목공사로 꼽히는 싼샤 다목적댐을 건설하였다.

이 댐은 완공에만 12년 6개월(1993.12~2006.5)이 걸린 세계 최대의 댐으로서 제방 총 길이 2,309m, 높이 185m의 규모에 최대 저수 용량은 393억 m^3로서 우리나라 소양댐의 13.5배에 달하며 연간 발전량은 847억 kWh에 이른다.

창장 강은 이창(宜昌)으로 나오면 하폭은 6,700m로 넓어지고, 흐름도 느려져 창장 강의 모습은 전혀 달라지고 우한에서 하폭은 1km가 넘는다. 이곳에서 800km 아래쪽에 있는 양저우(揚州) 하류는 1만 톤급 배가 다닌다. 이 창장 강을 우리나라에서는 양쯔 강으로 부르고 있다. 그 이유는 무엇일까?

강은 매우 길게 연속되어 있기 때문에 지역에 따라 부르는 이름이 다른 것이 보통이다. 과거 중국의 경우 양저우 부근에서는 창장 강을 양쯔 강으로 부른 적이 있다. 이는 양저우 부근의 양쯔 진(揚子津)이라는 지명에서 비롯된 것으로 알려진다. 또한 양저우 부근의 양쯔 교(揚子橋)에서 배를 타고 강을 건넌 한 서양인이 양쯔 교를 양쯔 강으로 발음하여 잘못 전한 데서 유래된 것이라는 의견도 있다.

양쯔 강은 양저우 부근에서만 부르는 특유 지명이며, 게다가 그 명칭은 현재 사용되지 않고 있다. 창장 강이라고 하지 않으면 중국인들은 알아듣지 못한다.

황하가 짧아진다

황하가 짧아지고 있다. 강이 짧아진다는 말은 하천이 바다로 직접 흘러 들어가지 못하고 육지에서 땅속으로 스며들든지 대기로 증발되든지 한다는 뜻이다. 이렇게 하천이 흐르다가 바다로 흘러 들어 가지 못하는 하천을 **내륙하천**(內陸河川)이라고 한다.

중국에서 둘째로 긴 강인 황하가 내륙하천으로 전락할 위기에 놓였다. 중국 북서부의 칭하이 성(靑海省)에서 발원하여 5,500km를 흘러 보하이 만(渤海灣)으로 흘러드는 이 강이 내륙 지역의 물 수요 급증과 강우량 감소 등으로 바다에까지 이르지 못하고 중간에서 소멸되는 소위 단류(斷流) 현상이 심해지고 있어 주목을 받고 있다.

빈곤한 내륙 지역의 개발이 계속되는 데다 수리부와 전력공업부 등 관할 행정기관끼리 협조가 제대로 이루어지지 못하기 때문에 가까운 시일에 과거의 장엄한 황하 모습을 되찾기는 어려울 것으로 보고 있다.

현재 황하 일대의 매년 평균 물 사용량은 1980년대 247억 톤에서 300억 톤으로 증가한 상태이며, 반면 강우량의 감소 등으로 총수량은 매년 평균 580억 톤에서 최근에는 490억 톤까지 감소했다.

황하의 단류 현상은 1972년 하구에 인접한 산둥 성 리진(利津) 지역에서 보고된 뒤 1992년 83일, 1995년에는 118일을 넘어섰다. 단류 지점도 점차 내륙화되어 1995년에는 하구에서 600km 들어간 허난 성 카이펑(開封) 지역도 물이 말라 하천 바닥이 드러났다.

단류의 피해는 심각하다. 하구에 위치한 중국 제2의 유전인 승리(勝利) 유전은 1년의 절반을 급수 제한으로 보내고 있으며, 원유 생산에 필수적인 용수를 일부 해수로 조달하는 비상조치까지 취하고 있다. 이 일대의 피해액은 1995년 당시 우리 돈으로 6,000억 원에 이른다고 한다. 이 때문에 중국 당국은 역대 왕조의 흥망을 좌우했던 치수문제를 해결하기 위해 수자원의 통일 관리, 저수능력 향상,

내륙하천
바다로 흘러 들어가지 못하고 분지의 가장 낮은 장소에 유수가 모이는 하천으로서 주로 증발량이 강수량보다 많은 건조지역에서 잘 나타난다. 이들 하천이 모이는 분지는 호수가 되기도 하는데, 오스트레일리아의 심프슨 사막 남쪽에 위치한 에어(Eyre) 호는 그 좋은 예이다. 물이 흘러가다가 증발되어 버리거나 지하로 스며들면 역시 하천은 바다로 흘러 들어가지 못하고 일종의 내륙하천이 되어버린다. 내륙하천으로는 타림(Tarim) 강, 우랄(Ural) 강, 아무다리야(Amu Darya) 강 등이 있다.

남수북조(南水北調: 수량이 20배에 달하는 창장 강의 물을 끌어올리는 것) 등 다양한 '황하 살리기' 대책을 마련하고 있다.

백년하청

중국인에게 황하는 특별하다. 중국 고대 문명의 발상지 중 하나가 이곳 황하이며, 그들의 황하에 대한 감정은 종교에 가깝다. 황색을 숭배하며 조상을 황제(黃帝)라 부르는 전통은 그 좋은 예이다.

그러나 황하는 중국인들에게 선물만 준 것이 아니라 엄청난 재앙과 홍수를 안겨주었다. 역사상 중국 민족은 수백 번이나 홍수에 시달려야 했다. 황하를 두고 일컫는 말로 '십년구한일수(十年九旱一水)'라는 말이 있다. 가뭄과 홍수 피해가 극심하다는 말이다. 중국 신화에는 홍수에 대한 그들의 처절한 대처가 잘 나타나 있다. 대표적인 예가 우왕(禹王)의 '9년치수(九年治水)'이다. 황하의 물길을 잡는 자가 천하를 제패한다고 믿은 것이다.

황하는 칭하이(靑海) 성에서 발원하여 장장 5,500km를 흘러 보하이 만으로 흘러드는데, 그 과정에서 황토고원을 통과하기 때문에 황하는 흙탕물이 되고 이름도 황하(黃河)라고 부르게 되었다. 이로 인하여 생겨난 말이 백년하청(百年河淸)이다. 백 년을 기다려도 황하의 물이 맑아지지는 않는다는 뜻으로, 도저히 이루어질 수 없는 것에 비유하여 쓰이는 말이다.

황하가 누런색을 띠게 된 것은 멀리 주(周)나라 때로 거슬러 올라간다. 다음 시구는 황하의 특징을 잘 표현해 주고 있다.

| 황하가 맑기를 기다리나 한이 없고 | 俟河之淸 |
| 사람의 목숨으로는 도리가 없네 | 人壽幾何 |

― 정석원(한양대 중문과)

황토고원의 연간 침식률은 약 1cm이며 황하가 운반하는 토사량은 세계 최대이다. 퉁관(潼關)에서 측정한 바에 따르면 평균 토사량은 $1m^3$당 37kg(최대 650kg)으로서 연간 약 16억 톤의 토사가 하류 지역으로 운반되어 가는 셈이다.

이렇게 계속 황토가 쌓이다 보면 하천이 범람하기 쉽고, 실제로 하천 범람으로 인해 황하는 여러 차례 물길이 바뀌었고, 지금의 황하는 27번째 바뀐 것이라는 기록도 있다. 이렇게 물길이 바뀌고 나면 그 자리에 남아있던 퇴적층은 결국 넓은 평야를 만들게 된다. 화북평야의 황토는 이렇게 해서 쌓인 것이다.

이렇게 토사의 운반·퇴적 작용이 활발하기 때문에 황하는 또한 세계적인 천정천(天井川)으로도 유명하다. 천정천은 하천 바닥에 퇴적물이 계속 쌓여 주변보다 강바닥이 높아진 하천을 말하는데, 이러한 하천은 물이 조금만 불어나도 홍수가 나기 쉬우므로 이를 막기 위해 하천 양안에 인공제방을 계속 쌓는다. 황하는 주변보다 하천 바닥이 7m나 높은 곳

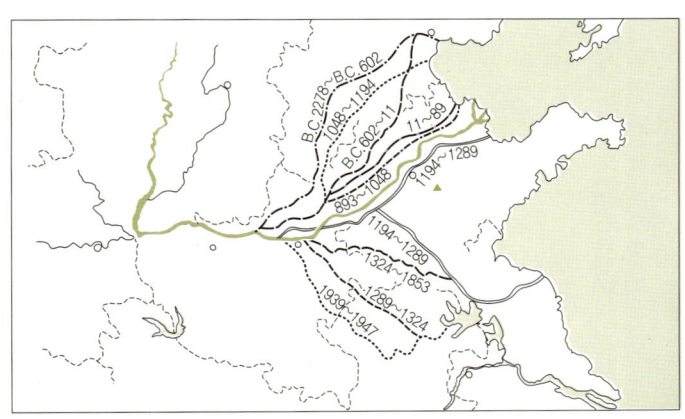

황하의 하도 변천
(NHK 취재반, 1986)

황사의 신비 **159**

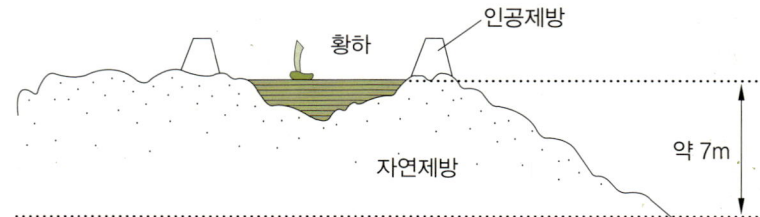

황하의 천정천

이 많으며 인공제방 길이만 해도 수천 킬로미터에 이른다.

1991년 12월 21일자 중국 ≪신화통신≫은 "1726년 이후 265년 만에 처음으로 황하의 물줄기가 맑고 푸른색이 되었다"라고 전했다. 황토고원의 녹화사업, 계단식 경작 등 침식률을 저하시키려는 중국 정부의 끈질긴 노력 끝에 얻은 결과이다.

하수도 관광

Geography

프랑스에는 두 개의 파리가 있다. 땅 위의 파리와 땅속의 파리가 그것이다. 파리 지하는 구멍투성이다. 지하묘지와 하수도, 그리고 지하철이 개미집처럼 뚫려있다. 지하묘지는 옛날 채석장이었던 동굴들인데, 1785년 파리 시는 시내에 흩어진 무연고 묘지를 정리하여 유골들을 지하동굴로 옮겼다. 현재 약 600만 명분의 유골이 이곳에 납골되어 있어서 관광객들은 화려한 지상의 파리와는 전혀 다른 사자(死者)의 도시 파리를 볼 수 있다.

지하 파리의 또 하나 볼거리는 레제구, 즉 하수도이다. 총길이 2,350km, 150년의 역사를 갖는 파리의 하수도는 전기·가스배관, 진공우편 배달통로 등으로도 이용된다. 하수도마다 고유한 거리명과 지번(地番)이 붙어있다. 빅토르 위고의 『레미제라블』에도 파리의 하수도가 등장한다. 센 강의 수위가 높을 때를 제외하고는 연중 공개되는데, 관광객들은 보트에 몸을 싣고 하수도 관광을 즐긴다. 파리 하수도박물관(Les Egouts de Paris)도 관광객들에게 인기이다.

하수도의 등장은 기원전 3000년으로 거슬러 올라간다. 인더스 문명 유적인 모헨조다로에는 도로 양편에 벽돌로 된 하수도가 질서 정연하게 남아있다. 각 가정의 수세식 변소에서 배출된 오물과 생활오수를 모으는 오수관(汚水管)과 빗물을 모으는 우수관(雨水管)이 구분되어 있었다. 고대 로마 시대에도 하수도는 도시의 주요 시설물이었다. 그러나 중세에 들어와 하수도 건설은 쇠퇴하고 말았다. 중세에 각종 역병(疫病)이 만연했던 것은 하수도 시설이 미비했기 때문이라고 보는 학자들도 있다.

근대적인 하수도가 등장한 것은 산업혁명 이후이다. 산업화 과정에서 인구가 도시로 집중했지만, 이에 반해 도시 위생은 극히 열악했다. 산업혁명 발상지인 영국 맨체스터는 하수도가 없어 도로에 오수와 오물이 흘러넘쳤다. 1831년 영국을 휩쓴 콜레라는 하수도의 필요성을 절실하게 해주었으며, 그 후 하수도 건설이 활기를 띠었다. 현재 영국의 하수도 보급률은 95%로 세계 최고이다.

몇 년 전 이야기이지만, 우리나라의 경우 하수도 보급률은 45%로 극히 저조하고, 그나마 하수관이 낡고 깨져 땅속으로 오수가 스며들어 실제 하수 처리율은 28%에 그치고 있음이 밝혀져 충격을 주기도 하였다.

또아리굴

Geography

　강원도 산업·교통의 중심도시 원주는 지형적으로 분지에 위치한 도시로서 북동쪽에서 뻗어온 치악산맥이 도시를 남동쪽을 병풍처럼 빙 둘러싸고 있다. 따라서 원주에서 강릉이나 제천 쪽으로 가려면 가파른 치악산 자락을 힘겹게 넘어가야만 한다. 이러한 경우 자동차는 그리 문제 될 것이 없으나 기차 선로는 지형적인 제약으로 인해 설치가 쉽지 않다.

　그래서 중앙선 철도 중에서 원주역과 신림역 사이의 치악산을 통과하는 지점에서는 '또아리굴'이라고 하는 특수한 철도 시설을 만들어 이러한 지형의 어려움을 극복하고 있다. 즉, 터널을 만들되 똑바로 파지 않고 나선형으로 빙글빙글 원을 그리면서 터널을 위쪽으로 파 급경사 산지를 통과하도록 한 것이다. 단양과 풍기 사이의 죽령을 넘어가는 중앙선 철도 구간에도 이와 같은 나선형 터널을 볼 수 있다. 그 모양이 마치 뱀이 또아리를 틀고 있는 듯하다고 하여 또아리굴이라고 부르는데, 지리학적으로는 이를 '루프(loop)식 터널'이라고 한다.

루프식 터널 ➡

스위치백식 철도 ➡

　또 다른 형태의 특수 철도 시설로 '스위치백(Switchback) 철도'가 있다. 영동선 기차를 타고 강릉을 가기 위해서는 험준한 태백산맥을 넘어야 한다. 우리나라 지형의 특징을 한마디로 표현하면 동고서저(東高西低)의 형태이다. 이러한 지형으로 인해 서울에서 태백산맥까지는 비교적 완만하게 고도가 높아져 철도 부설에 큰 어려움이 없지만 태백산맥을 넘어 영동 지방으로 들어갈 때는 산의 경사가 갑자기 급해져 정상적으로는 철도를 설치할 수 없다.

　이러한 지형적 어려움을 극복하기 위해 만든 것이 스위치백 철도이다. 경사가 급해 기차가 바로 올라가거나 내려갈 수 없으므로 철로를 마치 Z 자 모양으로 지그재그로 설치해 놓았다. 이러한 철도에서는 열차가 커브를 돌 수 없으므로 앞뒤에 기관차가 있어 앞으로 갔다 뒤로 갔다 하기를 반복하여 경사를 점차 극복하도록 한 것이다. 영동선 중 태백산맥을 넘어가는 동쪽 사면인 흥전역과 나한정역 사이에 이 시설이 있다.

과거 영동선의 심포리역과 통리역 사이에서는 기차가 급경사를 내려갈 때 미끄러지는 것을 방지하기 위해 사람들은 모두 기차에서 내려 걸어가고 약간 가벼워진 빈 열차만 내려가되 튼튼한 밧줄로 잡아당기면서 미끄러짐을 방지하는 방법을 썼다. 이러한 방법을 '인클라인(incline, Inclined plane)식' 철도라고 한다. 지금은 그 자리에 터널을 뚫어 기차가 다니고 있어 옛날의 진풍경을 볼 수는 없다.

스위스와 독일 등지의 고산지대를 다니는 짧은 관광등산열차의 경우는 열차 아래쪽과 철도의 중앙부에 각각 톱니바퀴를 달아 이 둘이 맞물리도록 하여 기차가 미끄러지는 것을 방지하는 방법도 이용한다. 이를 '아프트(abt)'식 철도라고 한다.

◀ 꼬르꼬바도 언덕을 오르는 아프트식 등산열차(브라질 리우데자네이루)

중국의 얼음 깨기 작전

Geography

 중국이나 러시아처럼 넓은 국토를 가진 나라는 하천의 길이가 매우 긴 것이 특징이다. 그리고 이들 하천이 기후대가 다른 지역을 거쳐 흐를 때는 그 기후의 특징을 민감하게 반영하게 되고, 이는 주변에서 살아가는 사람들에게 큰 영향을 준다. 즉, 봄철에 상류지역의 얼음이나 눈이 녹으면 그 녹은 물로 인해 하천 수량은 크게 늘어나게 되고 심한 경우에는 봄철 융설(融雪) 홍수를 일으키기도 한다. 특히 중·하류지역이 아직 녹지 않고 얼음이 언 상태인 경우에는 상류로부터 흘러오는 많은 수량을 감당할 수 없게 되고 결국 큰 홍수가 날 수밖에 없다.

 이러한 홍수를 방지하는 좋은 방법은 중·하류지역의 얼음을 인위적으로 깨주어야 하는데 이것이 그리 쉬운 일은 아니다. 중국에서는 때로 봄철에 홍수를 방지하기 위해 '얼음 깨기 작전'에 전투기가 동원되기도 한다. '얼음과의 전쟁'을 하는 것이다.

 그러나 반대로 홍수를 일으키기 위해 '하천을 공격'하는 경우도 많다.

지구 상에는 최저 10억 톤 이상의 물을 담고 있는 댐이 21개국에 약 72개나 되며, 이들 댐은 그보다 작은 규모의 수십 개의 댐과 제방 혹은 주요 하천과 함께 늘 잠재적인 군사적 공격목표가 되고 있다. 중국의 삼국지에는 이미 '수공법(水攻法)'이 소개되어 있고, 수나라 양제가 200만 명의 군사를 이끌고 고구려를 공격했을 때 을지문덕 장군은 살수(청천강)에서 이를 최대한 활용하였다.

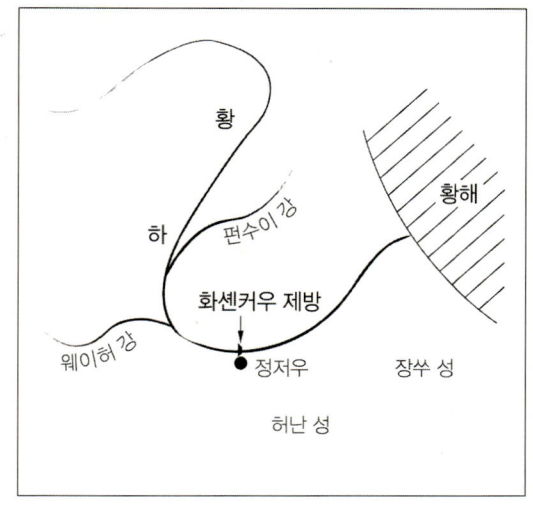

화셴커우 제방

중일전쟁 당시, 일본군의 진군을 막기 위해 중국 측은 1938년 6월 정저우(鄭州) 근처 황하의 화셴커우(華先口) 제방을 다이너마이트로 폭파하였고, 그 결과 수천 명의 일본군이 익사하였다. 그러나 이로 인해 발생한 홍수로 허난 성과 장쑤 성 일대 지역에 살고 있던 주민들이 막대한 피해를 입기도 했다. 적어도 수십만 명의 중국인이 익사하고 수백만 명이 가옥을 잃어버렸다. 이 '환경전쟁' 행위는 인류사상 가장 파괴적인 인명피해를 가져온 것으로 기록되었다. 이 하천이 다시 정상적으로 회복된 것은 1947년이 되어서이다.

한국전쟁이 한창이던 1951년 5월 27일 중부전선에서 아군 제6사단의 반격을 받은 북한군은 화천댐을 폭파시켜 아군을 수장시킬 작전을 세웠다. 그러나 아군은 미리 이 작전을 알아차렸고 신속하게 대처하여 이 공격 작전은 실패하고 말았다. 한국전쟁 당시 미군은 "한국전쟁 중에서 가장 성공적이었던 공중폭격 작전은 관개용 댐을 파괴하는 것이었다"라고 자체 평가한 적이 있다.

황사의 신비 167

남극의 빙산을 끌어다 식수로 사용한다

Geography

남극에 있는 빙산을 끌어와 식수난을 해결하려는 계획이 오스트레일리아와 미국, 사우디아라비아, 칠레 등지에서 본격적으로 추진된 적이 있다. 지구 상에 존재하는 물의 97%는 바닷물이며, 나머지 3% 중에서 3/4이 얼음인데, 그중 90%가 남극에 있다. 남극의 얼음은 물로 따지면 40억 인류에게 1분에 한 사람당 15톤의 물을 1년간 공급할 수 있는 양이다.

남극 대륙으로부터 떨어져 나온 얼음은 빙산이 되어 남극 바다를 표류하고 있다. 북극 빙산의 모양은 뾰족한 데 비해 이들 남극 빙산은 평평하여 둥근 모양을 하고 있는 것이 특징이다. 빙산은 지구 상에서 가장 순수하고 깨끗한 물로 알려져 있다. 최근 남극에 살고 있는 펭귄이나 새로 쌓인 눈 속에서까지 DDT(dichloro-diphenyl-trichloro-ethane)나 PCB(polychlorinated biphenyl) 같은 화학물질이 검출되어 지구의 심각한 오염 정도를 보여주고 있지만 이들 빙산만은 수만 년 전부터 쌓인 것으로 '순수한 물' 그 자체이다. 이러한 빙산이 인류의 식수원으로 관심을 끄는 것은 극히 자연스러운 일이다.

DDT
디클로로 디페닐 트리클로로에탄. 유기염소계 살충제로서 지금은 생산되지 않는다.

PCB
폴리염화 비페닐. 유기염소계 화합물로서 대표적인 환경호르몬 물질이다.

빙산을 끌어다 식수로 쓸 계획을 구체화시킨 나라는 오스트레일리아이다. 이 나라는 대륙의 서반부가 사막 같은 건조지대이므로 만성적인 식수난으로 어려움을 겪어왔고, 지리적으로 남극과 가깝다는 유리한 조건도 있기 때문이다. 1975년에 이미 '빙산유치특별위원회'가 설치되었고, $1km^3$ 정도의 빙산(물로 환산하면 약 10억 톤) 하나를 골라 예인선으로 4,800km 떨어진 남쪽의 애들레이드로 1년에 걸쳐 운반해 올 계획을 세웠다. 오스트레일리아 당국은 빙산을 항구에 끌어다 놓고 가운데 구멍을 뚫어 파이프를 박아 녹이면서 부근 호수에 저수할 계획이다.

빙산 주변의 온도는 섭씨 3~4도 정도로서 사막 지역에서는 천연 에어컨 역할을 할 수 있으며 빙산이나 저수지에서 증발하는 수분으로 비도 기대할 수 있을 것으로 예측하고 있다.

사우디아라비아 역시 프랑스 엔지니어 회사 시세로와 계약을 체결하고 빙산을 운반해 올 계획을 추진 중이다. 인공위성으로 가로 600m, 세로 1km, 높이 300m 정도의 빙산을 하나 골라 헬리콥터로 작업반을 보낸 다음, 로프로 사방을 묶은 뒤 1만 5,000마력의 해저 유전 작업선 6척을 동원하여 남극→인도양→적도→홍해를 거쳐 제다 항까지 끌어온다는 것이다. 빙산을 끌어올 때 가장 어려운 점은 속도이다. 너무 빠르면 바닷물과의 마찰열로 인해 녹을 염려가 있고 너무 늦으면 태양열로 녹는 양이 많다는 것이다. 빙산 주위는 40cm 두께의 플라스틱으로 둘러싸고 시속 1노트 정도의 속도로 1년 정도 끌어오면 손실률을 20% 이내로 줄일 수 있다고 한다.

빙산을 운반하는 과정에서 환경문제는 그리 심각하지 않으며 주변 수온이 다소 낮아지고 빙산 주변에 찬 안개가 끼는 정도라고 한다.

산방산의 전설

Geography

"어느 날 한 사냥꾼이 한라산 기슭으로 사냥을 나갔다가 활시위를 당겨 사슴을 쏜다는 것이 산신령의 엉덩이를 쏘고 말았다. 산신령은 크게 노하여 손에 잡히는 대로 한라산 봉우리를 뽑아서는 사냥꾼을 향해 집어 던졌고, 이것이 날아가 꽂혀 우뚝한 산봉우리가 되었는데, 이것이 산방산(山房山)이며, 산신이 봉우리를 뽑은 자리는 움푹 파여 지금의 백록담이 되었다."

"산방덕이라는 여신이 살았는데, 인간으로 변해 고승이라는 농부와 결혼하여 행복하게 살고 있었다. 그러던 어느 날 산방덕의 미모에 반한 이곳 관리가 그녀의 남편을 떼어놓고는 산방덕을 아내로 삼으려 하자 그 여인은 커다란 바위로 변하고 말았다."

위의 이야기는 제주도 산방산 기원에 관한 전설들이다.

산방산은 제주도 남제주군 안덕면 사계리에 있는 해발 395m의 휴화산이다. 지형학적으로는 이를 용암원정구(熔岩圓頂丘, tholoide, domed volcano)라고 하며, 그 모양이 마치 종처럼 생겼다고 해서 종상화산이라고도 한다.

화산 분화 시 점성이 강한 안산암질이나 조면암질 용암이 저온 상태에서 화구를 채우면서 천천히 분출할 때는 용암이 멀리까지 흘러가지 못하고 그대로 식으면서 돔형 또는 종형의 화산체가 화구 위에 만들어진다. 일반적으로 화구가 없는 것이 특징이지만 후에 폭발성 분화가 일어나면 정상에 화구가 형성되기도 한다.

제주도는 지질학적으로 4단계의 발달 단계를 거쳐 만들어졌다. 제1단계는 120만~70만 년 전의 시기로 산방산, 범섬 등과 같이 제주도 남쪽에 위치한 급경사 화산 지형이 만들어진 시기이다. 제2단계

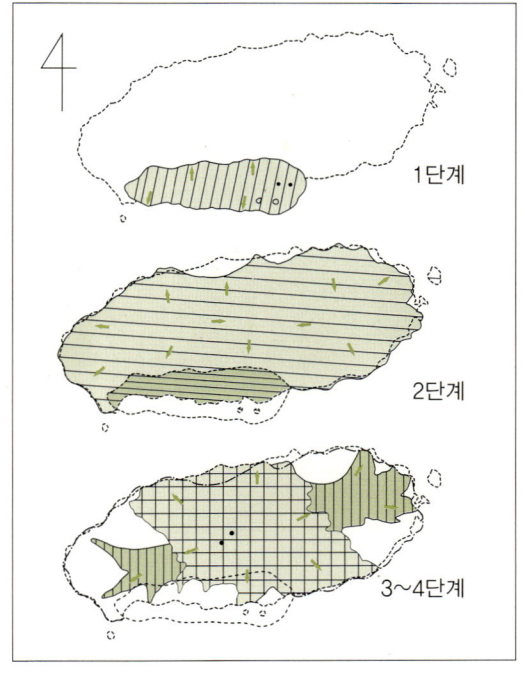

■ 제주도의 형성과정(한국지구과학회, 1995)

는 70만~30만 년 전으로 동서 방향의 대지가 만들어졌다. 이 과정에서 기생화산, 용암동굴 등이 형성되었다. 제3단계는 30만~10만 년 전으로 한라산의 완만한 산체가 만들어졌다. 마지막으로 제4단계는 10만~2만 5,000년 전으로 한라산 백록담이 만들어졌다. 한 단계의 기간은 대략 50만~10만 년간 지속되었다.

이 이론에 근거한다면, 산방산은 한라산보다 먼저 만들어진 것이므로 "산신령이 한라산 정상 부분을 뽑아 던진 것이 지금의 산방산이 되었다"라는 전설 속의 내용은 시기적으로도 맞지 않는다.

한반도에는 제주도 이외에도 많은 화산 지형이 있다. 우리가 잘 알고 있는 울릉도와 백두산은 물론이고, 광주의 상징인 무등산, 경북의 명산인 주왕산 역시 화산활동의 결과로 만들어진 지형이다.

◘ 한라산과 산방산: 왼쪽의 급경사로 된 것이 산방산이며 오른쪽의 완만한 사면으로 된 것이 한라산이다.

시기적으로 보면 무등산과 주왕산이 9,000만 년 전인 중생대에 만들어진 것으로 가장 나이가 많다. 그 뒤에 울릉도와 제주도가 차례로 만들어졌으며, 한반도의 최대 최고 명산인 백두산은 가장 최근인 900만 년 전에 출현하였다. 나이가 오래된 것일수록 침식과 풍화를 오랫동안 받아 규모가 축소되어 있는 것을 알 수 있다.

미켈란젤로와 대리석

Geography

지표면에서 가장 흔한 광물 중 하나는 장석이다. 장석은 화성암과 변성암의 가장 중요한 성분이며 달에 있는 암석의 주성분이기도 하다. 화강암 건물이 멋지게 보이는 것은 흰색이나 분홍색을 띠는 장석 성분 때문이다. 장석은 마그마가 식을 때 가장 먼저 결정화되어 다른 광물보다 먼저 형태가 완성되기 때문에 결정의 가장자리가 매우 선명하며 가장 크고 눈에 잘 띄는 결정이다. 도자기 원료인 고령토는 장석이 풍화되어 변신한 것이다.

장석들 사이에는 결정 형태가 뚜렷하지 않은 반점들이 있는데 이것이 규산 성분인 석영이다. 화강암은 '단단함'의 상징이기도 한데 이는 순전히 석영 덕분이다. 1800년 6월 14일 마렝고 전투에서, 오스트리아군을 맞아 한 발짝도 물러서지 않고 강하게 맞서 싸워 이긴 나폴레옹 군대의 한 보병부대는 그 후로 '화강암 요새'라는 별명을 얻었다.

화강암은 자연상태에서 풍화에 강하기 때문에 신석기 이래 각종 건축 재료나 조각의 소재로 쓰여왔고 고대 인류 문화의 유적들을

화강암으로 세운 멕시코 마야 문명 유적지 피라미드(체첸이사 꾸꿀깐 신전)

대리석과 대리암

석회암의 주성분인 방해석(calcite, $CaCO_3$)이 변성작용을 받아 형성된 변성암이다. 중국 운남 성의 대리부(大理府)에서 생산되면서 붙여진 이름이다. 일반적으로 대리석이라고 하는데 이는 석재(石材)의 의미로 사용해 온 용어로서 학술적으로는 대리암 또는 입상결정질석회암이라는 용어를 쓰는 것이 옳다. 암석이 높은 압력과 열을 받으면 그 암석이 가지고 있는 고유한 광물 특성은 사라지고 화학적으로 전혀 다른 성질을 갖는 암석으로 바뀐다. 대리암은 가공하기 쉽기 때문에 조각이나 장식, 건축용 석재로 이용된다.

보존하는 역할을 해오고 있다. 멕시코 마야 문명의 피라미드, 남아프리카의 건축물, 네팔의 사원 등이 그 좋은 예이다.

그러나 화강암은 단단하고 거칠기 때문에 세밀하게 조각하는 데는 한계가 있다. 마야 신들이 무시무시하게 느껴질 정도로 기괴한 모습을 하고 있는 것은 조각가들이 거친 화강암의 성질상 그 형상을 단순화하고 정형화할 수밖에 없었기 때문이다. 석회암과 같은 다른 암석을 이용하면 이러한 단점을 보완하여 더 세밀한 부분까지 표현할 수 있지만 그 대신 수명이 짧다는 단점을 감수해야 한다. 나일 계곡의 스핑크스는 그 좋은 예이다.

그러나 다행스럽게도 고대 그리스와 로마의 조각가들은 기적의 소재인 대리석을 찾아냈다. **대리석**은 인체의 근육과 옷의 주름 하나하나를 세밀하게 표현할 수 있게 해주었다. 미켈란젤로의 천재적 예술성은 이탈리아 북부 카라라에서 발견된 하얀 대리석에 의해 그 빛을 발하게 된 것이다.

한국의 나이아가라

Geography

미국과 캐나다의 국경을 이루고 있는 나이아가라(Niagara) 폭포 앞에 서면 그 웅장함과 거대한 규모에 기가 죽고 만다. 나이아가라라는 말은 인디언들이 쓰는 말로 '땅이 둘로 갈라지는 곳'이라는 뜻을 지닌다. 그야말로 강 상류와 하류를 반듯하게 갈라놓고 있는 것이 나이아가라 폭포이다.

크든 작든 강 또는 하천은 이들 폭포를 경계로 해서 상류 쪽의 다소 높은 부분과 하류 쪽의 다소 낮은 부분으로 뚜렷이 구분된다.

뭐니 뭐니 해도 나이아가라라는 말이 가장 잘 어울리는(?) 곳은 강원도 철원의 직탕 폭포일 것이다. 규모만 작을 뿐 그 모양 면에서는 사진으로 찍어놓으면 나이아가라 폭포와 구별하기 어려울 정도이다. 그래서 이름 짓기 좋아하는 이들은 이를 두고 '한국의 나이아가라'라고 부르고 있다.

폭포가 발달하는 이유는 여러 가지이다. 그중 우리나라의 대표적인 폭포인 제주도의 정방 폭포, 천제연 폭포, 천지연 폭포, 그리고 강원도 철원의 직탕 폭포 등은 현무암의 주상절리(柱狀節理)와 관

나이아가라 폭포
나이아가라 폭포는 1년에 약 1.3m씩 강 상류 쪽으로 후퇴하고 있다. 이 폭포는 1만 2,000년 전에는 원래 북쪽(강 하류 쪽)의 나이아가라 절벽지대(escarpment)에 있었다가 계속 후퇴하여 지금의 위치에 오게 되었다. 폭포가 후퇴해 온 길은 나이아가라 협곡(gorge)으로 남아있다.

황사의 신비

◆ 나이아가라 폭포 왼쪽이 아메리칸 폴, 오른쪽이 캐나디안 폴이다.

련이 깊다.

현무암 용암이 식을 때는 수축작용이 일어나 그 표면이 마치 거북의 등처럼 여러 갈래로 갈라지게 된다. 이와 같은 현상은 여름철 가물었을 때 논바닥이 쩍쩍 갈라지는 현상과 마찬가지라고 생각하면 이해가 쉽다. 표면의 갈라진 틈은 땅속으로 연장되므로 그 단면을 잘라 옆에서 보면 마치 기둥 모양의 틈이 수직으로 발달하게 된다. 주상절리라는 말은 이 때문에 붙여진 것이다.

이와 같은 주상절리가 발달한 곳에서 침식작용이 일어나면 하나

한국의 나이아가라로 불리는 직탕 폭포 ▶

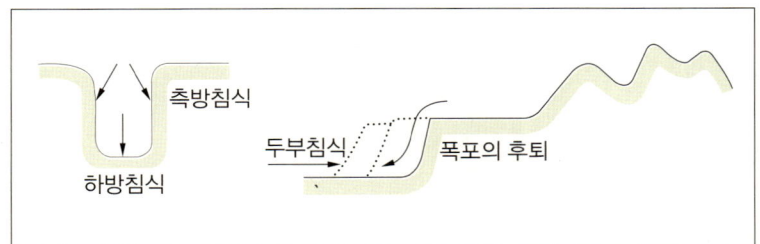

▶ 하천 침식의 유형

하나의 기둥들이 무너져 내리기 때문에 그 침식면은 수직 절벽을 이루게 된다. 이 절벽으로 하천이 흐르게 되면 수직으로 떨어지는 폭포가 만들어지는 것이다.

　이 경우 폭포수의 떨어지는 힘에 의해 침식작용이 진행되고 이에 의해 현무암 기둥들은 계속 무너져 내려 결국에는 폭포의 위치는 조금씩 강 상류 쪽으로 후퇴하게 된다. 강 하류는 꼬리, 강 상류는 머리에 해당된다고 볼 때, 강 상류 쪽으로 침식해 들어간다는 뜻에서 이를 **두부침식**(頭部浸蝕)이라고 한다. 두부침식이 계속 진행된다면 직탕 폭포는 언젠가는 휴전선을 넘어 북쪽으로 가버릴지도 모른다.

하천의 침식
하천은 그 침식 방향에 따라 측방침식, 하방침식, 두부침식으로 나눈다. 측방침식은 하천의 양안을 침식하는 것이며 하방침식은 하천 바닥을 침식하는 것이다. 두부침식은 하천의 상류 쪽으로 침식이 진행되는 것이다.

제주도 서귀포의 주상절리 ▶

⬆ 주상절리상에 발달한 정방폭포(제주 서귀포)

기후와 인간생활

제5부 마녀사냥의 진실

토종가옥

Geography

너와집과 굴피집

　너와집이란 가로 20~30cm, 세로 40~50cm, 두께 4~5cm 정도의 나무판자나 널조각으로 지붕을 이어놓은 집을 말한다. 널조각은 일종의 나무로 만든 기와로서 너무 가볍기 때문에 바람에 날아가지 않도록 무거운 돌이나 통나무로 눌러놓는 것이 보통이다. 지붕의 수명은 10~20년 정도이지만 지은 지 오래된 것은 몇 년마다 낡은 너와를 새것으로 바꿔줘야 한다. 너와집은 누워서 보면 하늘이 보일 정도로 엉성하지만 실제로는 비 한 방울 새지 않는다.

　너와집은 개마고원을 중심으로 한 함경도와 평안도의 산간지역, 태백산맥을 중심으로 한 강원도 화전민 부락 등 나무를 얻기 쉬운 산간 오지에 주로 분포하는 가옥 형태이다. 그러나 지금은 주택개량 사업으로 대부분 사라졌고 삼척의 신리와 대이리 일대에 몇 채 남아있는 정도이다.

　삼척시 두메산골인 대이리에는 13대에 걸쳐 300년 동안 사람이 살고 있는 너와집이 있다. 대이리는 십승지(十勝地: 열 군데의 피난처

◐ 너와집(삼척 대이리)
◐ 너와 지붕(삼척 신리)

라는 뜻)의 하나로서 그 이름에 걸맞게 너와집과 함께 굴피집, 물방아 등 우리의 옛것이 고스란히 남아있다.

굴피집은 지붕에 나무판자 대신 굴피, 즉 참나무 껍질을 덮어 만든 집이다. 물방아는 얼마 전까지 이곳 마을에서 사용되던 것으로 통방아 또는 벼락방아라고도 부른다. 물통에 물이 가득 차면 그 무게로 공이(찧는 틀)가 올라가고 그 물이 쏟아져 내리면 다시 공이가 떨어지면서 방아를 찧는 원리이다. 태백산지의 통방아는 절구만 돌로 만들었고 나머지는 모두 나무를 이용하였다. 지붕은 굴피를 사용하고 있다.

대이리 마을 앞쪽으로는 덕항산, 촛대봉, 문바우, 양티봉 등 바위산들이 송곳처럼 솟아있고 산 깊숙한 곳에는 국내 최대의 석회동굴 지대인 대이 동굴이 있다. 대이 동굴 지대는 기차굴 서너 배 크기의 환선굴(幻仙窟)을 비롯해 관음굴, 제암풍혈, 양티목이 새굴, 덕밭 새굴, 큰재 새굴 등 많은 동굴이 산재해 있다. 이 일대 200만 평은 천연기념물 제178호로 지정되어 있다. 대이리에서 동굴은 중요한 의미를 지닌다. 마을 사람들은 동굴이 여성을 상징한다고 생각하고,

남성을 상징하는 마을 앞쪽의 촛대봉과 함께 이 마을이 음양의 조화를 이루고 있는 명당이라는 강한 자부심을 가지고 있다.

서울 시내에서도 이 너와집을 볼 수 있다. 성동구에서는 용답동 전농지천 복개지에 '토속공원'을 조성하고 여기에 너와집과 통나무집과 초가집을 지어놓았다. 강원도와 공동으로 운영하는 곳으로 너와집은 강원도 특산물 판매장으로 이용하고 있으며, 초가집은 강원도 토속 박물관으로 쓰이고 있다.

◆ 굴피를 이용한 통방아집(삼척 천은사)
◆ 너와집과 통나무집(성동구 토속공원)

겔과 마유주

몽골 유목민들은 겔(ger)이라고 하는 조립식 전통 가옥에 살고 있다. 우리나라에는 '파오'로 알려져 있으나 몽고인들은 실제로 그렇게 부르지는 않는다. 파오라는 말은 중국의 포(包)라는 말에서 기인한 것으로 이는 겔의 모양이 마치 중국의 '만두' 모양 같다고 해서 중국인이 붙인 이름이다.

겔은 바람이 강하고 혹한의 겨울을 지내야 하는 초원의 유목민에게는 가장 훌륭한 형태의 가옥이다. 겔은 원통형 위에 머리 부분을 싹둑 자른 원추형을 올려놓은 모양을 하고 있는데, 꼭대기까지의 높이는 약 3m가 된다. 겔의 이러한 모양은 바람의 압력을 최소화하기 위함이다. 가옥은 매우 간단한 구조로 되어있다. 하나(khana)라고 부르는 버드나무 줄기로 골조를 만들고 그 위에 양모로 만든 펠트(felt)를 덮은 다음 낙타 가죽이나 말총으로 만든 끈으로 동여매기만 하면 집짓기는 끝나는데, 보통 3~4명의 남자가 작업하면 1시간 정도 걸린다. 펠트는 단열 효과가 뛰어나기 때문에서 기온 차이가 매우 큰 이곳 초원지대의 가옥 재료로는 안성맞춤이다.

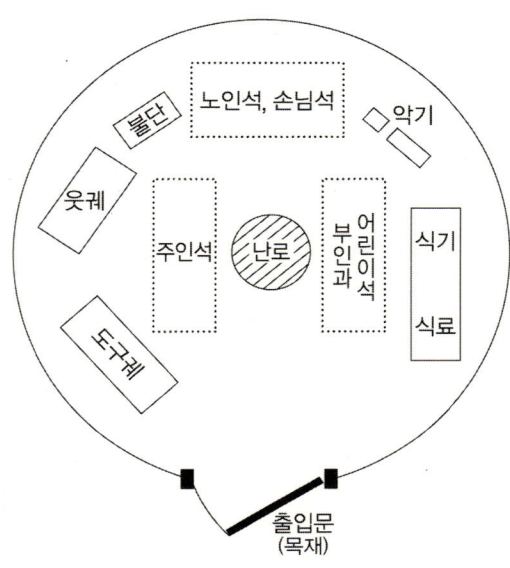
◘ 겔의 내부구조(장보웅, 1997)

몽골의 대부분 지역에서는 출입구를 남쪽 또는 동남쪽에 만든다. 따라서 방위를 표시하는 몽골어에서 남쪽은 앞, 북쪽은 뒤, 서쪽은 오른쪽, 동쪽은 왼쪽을 뜻하기도 한다.

겔 안으로 들어가 보면 정면에 가족사진과 거울이 걸려있고 중앙에는 난로가 있다. 그리고 굴뚝이 둥근 천장을 통해 설치되어 있다. 난로 위에는 하얀 액체가 놓여있고 계속 휘젓고 있는 모습이 인상적이다. 이것이 마유로 만든 몽골의 전통 술인 마유주(馬乳酒), 즉 아일락이다. 손님이 찾아오면 우선 아일락으로 접대하는 것이 이들 유목민들의 관습이다. 이것은 건조한 기후와 장거리 말(馬) 여행에 잘 어울리는 대접인 것이다. 마유주와 함께 그들 특유의 치즈도 곁들여 나오는 것이 보통이다.

아일락은 사실 알코올 농도가 1~3%에 지나지 않기 때문에 술이라기보다는 음료수이다. 마유는 날로 먹으면 설사를 하지만 여기에 발효균을 첨가하여 잘 휘저으면 8일 만에 아일락이 만들어져 부담 없이 마실 수 있다. 지방과 단백질이 풍부하고 영양가가 매우 높은 것은 물론이고 고혈압·중풍·심장병·폐결핵 등 각종 질병을 치료하는 효과도 뛰어나다고 한다. 몽골 정부에서는 각지에 '마유주 진료소'를 설치해 놓고 있다.

이 아일락을 증류시키면 알코올 농도 40% 정도의 '쉬민아르히'가 만들어지는데, 이는 우리의 소주에 해당하는 것이다. 술을 만들고 남은 찌꺼기로는 '샤르스'라고 부르는 일종의 화장수를 만들고 마지막으로 남는 찌꺼기는 '아롤'이라는 치즈를 만든다. 여기서 우유 한 방울, 찌꺼기 하나라도 버리지 않는 그들의 지혜로운 생활을 엿볼 수 있다. 몽골 유목민들은 우유 하나만 가지고도 10여 종류의 제품을 만들어낸다.

겔의 주변에는 말무리가 있다. 망아지만 로프에 묶여있고 주변에 어미 말이 둘러싸고 있다. 이때 한 마리의 망아지를 풀어주면 이 망아지는 무리에서 어미를 찾아내 반갑게 어미젖에 달라붙는다. 그러나 잠시 후 부인들은 망아지를 어미 말에서 떼어내고 그 자리에 재빨리 나무통을 들이밀어 말 젖을 짜낸다. 즉, 망아지는 단지 말 젖이 잘 나오도록 하기 위해 이용될 뿐이다. 망아지를 로프에 붙들어 매놓는 것은 마유주용 젖을 확보하기 위함이다. 몽고인과 말은 뗄 수 없는 관계이다.

그러나 1990년 이후 시장경제가 도입되고 서구 문명이 보급되면서 이곳 몽골 유목민의 생활도 많이 달라지고 있다. 겔의 재료는 버드나무 줄기에서 알루미늄 파이프로 바뀌고 있고, 난방 연료는

우분(牛糞)이나 마분(馬糞) 대신 유류와 장작을 사용하게 되었으며, 교통수단은 말에서 오토바이로 점차 대체되고 있는 실정이다.

◆ 몽골초원의 겔
(박상은 사진)

블랙 아프리카의 세계

Geography

햇볕에 그을린 사람들의 나라 에티오피아

소말리아, 수단, 에티오피아, 멜라네시아, 모리타니아 사람들의 공통점은 피부가 검다는 것이다. 이 국가들은 국명의 어원 자체가 모두 '검다'는 뜻을 지니고 있다. '소말리아(Somalia)'에서 'somali'는 수단 누비아어로서 '검은'이라는 뜻이다. 피부가 검다는 이유로 이 지방 종족을 소말리족으로 지칭하고 있다. '수단(Sudan)'이라는 말 역시 아라비아어로서 '검은'이라는 뜻이다. '에티오피아(Ethiopia)'는 그리스어 'aitos'(햇볕에 그을린)와 'ops'(얼굴)에 지명 접미사 'ia'가 합쳐진 말로서 '햇볕에 그을린 사람의 나라(aitosopsia)'라는 뜻에서 비롯된 말이다. '멜라네시아(Melanesia)'는 그리스어에서 '검다'는 뜻의 'melas'와 섬이라는 뜻의 그리스어 'nesos', 그리고 여기에 지명접미사 'ia'가 결합된 말이다. 즉, 검은색의 사람들이 사는 섬이라는 뜻이다. '모리타니아(Mauritania)'는 그리스어에서 '검다'는 뜻의 'mauros'에서 비롯된 것으로 이것이 'maur'로 변하여 지금의 지명이 된 것이다.

nesos
섬과 관련된 지명은 다음과 같다. 인도네시아(Indonesia)는 '동방의 섬나라', 폴리네시아(Polynesia)는 '섬이 많은 곳', 미크로네시아(Micronesia)는 '작은 섬들의 나라'라는 의미를 갖고 있다.

블랙 아프리카 사람들

지구 상에는 여러 인종이 살고 있는데 피부색에 따라서 백인종, 흑인종, 황인종으로 구분하는 것이 보통이다. 물론 지금은 인종 간의 활발한 교류로 인하여 인종을 뚜렷하게 구분하기가 여간 어려운 것이 아니다.

"하느님이 인간을 흙으로 빚어 구워낼 때 너무 일찍 꺼내 설익은 것이 백인이며, 너무 늦게 꺼내 새까맣게 타버린 것이 흑인이고, 시행착오 끝에 아주 적절히 구워낸 것이 우리 황인종이다"라는 이야기는 우리가 어렸을 적에 재미삼아 했던 이야기이다.

🔼 열대기후에 적응된 아프리카 줄루족(남아프리카 공화국)

지구는 둥글기 때문에 태양이 지표면에 비치는 에너지양은 위도에 따라 다르다. 즉, 똑같은 시간 동안 햇볕을 쬐어도 적도에서는 가장 많은 햇볕을 쬘 수 있고 고위도로 갈수록 그 양은 적어진다. 인간은 자연상태에서 적절한 자외선을 쬐지 않으면 건강을 유지할 수 없다. 그러나 문제는 인간에게 필요한 양에 비해 적도에서는 자외선의 양이 너무 지나치고, 극지방은 상대적으로 모자란다는 점이다. 따라서 인간은 자연적으로 그 양을 스스로 조절하지 않으면 안 되는데, 그 결과 나타난 것이 피부색인 것이다.

적도 지방에 거주하는 인종은 검은 것이 특색인데, 이는 많은 멜라닌 색소를 갖고 있기 때문이다. 멜라닌 색소는 자외선을 차단시키는 방패막이 역할을 해주는 것이다. 반대로 극지방에 거주하는 인종들은 피부가 하얀 것이 특징(지금은 세계적으로 퍼져있지만 근원

마녀사냥의 진실 **189**

적으로는 북유럽인인 백인)으로, 이는 똑같은 시간에 더 많은 자외선을 받아들이는 데 효과적이다. 이에 비해 중위도에 거주하는 인종은 그 중간적 성격으로 황색의 피부를 갖게 된 것이다.

   북유럽인들은 햇볕만 나면 만사 제쳐놓고 일광욕을 즐긴다. '따뜻한 남쪽 나라' 지중해 연안이 유럽의 주요 관광지로 발달한 것은 이와 무관하지 않다. 지금도 스칸디나비아 국가에서는 유치원 아이들의 하루 일과 중 실내에서 인공적으로 자외선을 쬐는 시간을 정기적으로 갖고 있다. 아메리카 대륙으로 건너간 흑인 노예의 후예들 중에는 비타민 D 결핍증인 '구루병(rickets)' 환자가 많다는 연구 결과도 매우 흥미롭다.

예수와 막걸리

Geography

　한 잔칫집에서 포도주가 떨어지자 예수는 물을 포도주로 변하게 하였다. 성서에 나오는 유명한 '예수의 기적' 이야기이다.
　기독교인들에게 포도주의 의미는 각별하다. 포도주는 예수 그리스도의 피를 상징하며 지금도 성찬식에서는 붉은 포도주를 사용한다. 요즈음 우리나라에서는 매일 적포도주를 조금씩 마시면 건강에 좋다고 하여 수입 적포도주가 동 났다는 소식도 있다.
　만약 예수가 한국에서 태어났더라면 어떻게 되었을까? 당연히 잔칫집에 나온 술은 포도주가 아니라 막걸리였을 것이고 예수는 '막걸리를 만드는 기적'을 일으켰을 것이다. 성찬식에서 막걸리를 사용했을 것은 물론이다. 성서에서는 포도주에 각별한 의미를 부여하고 있지만 포도주는 단순히 그 지역의 지리적 산물일 뿐 그 이상도 이하도 아니다.
　사계절이 뚜렷하고 여름철에 비가 많은 우리나라에서는 벼농사가 잘되어 쌀 막걸리를 빚어 먹을 수 있다. 그러나 강수량이 적고, 특히 여름철 강수량이 겨울보다 상대적으로 적은 지중해 연안 지역

▲ 지중해성 기후지역의 포도밭(칠레)

테킬라
플케를 증류한 것은 메즈칼(Mezcal)이라고 하는데, 이 메즈칼 중, 특히 멕시코 중앙 고원에 위치한 테킬라 마을에서 만들어진 것을 테킬라라고 한다.

에서는 자연상태에서 벼농사가 제대로 되지 않는다. 이러한 기후풍토에서는 건조한 기후에 잘 견디는 수목농업이 유리하며 그 대표적인 수종이 바로 포도이다.

쌀을 발효시키면 막걸리가 되고, 이를 숙성·증류시킨 것이 소주이다. 마찬가지로 포도를 발효시킨 것이 포도주(와인)이고, 이것을 증류한 것이 브랜디이다. 보리를 발효시키면 맥주가 되고, 이것을 증류·숙성하면 위스키가 된다. 중국에서는 수수를 발효시켜 홍주를 만들어 마셨고, 이를 증류시켜 고량주를 만들었다. 용설란과의 어게이비(Agave)를 발효시킨 것이 멕시코의 국민주 플케(Pulque)이며, 이를 증류한 것이 테킬라(Tequila)이다. 카리브 해 연안의 럼은 사탕수수를 증류한 것이고, 러시아의 보드카는 감자, 그리고 네덜란드의 진은 옥수수와 라이보리를 증류하여 만든 술이다.

성서에는 '오병이어(五餠二魚)'의 기적도 나온다. 기적을 일으켜 보리떡 다섯 개와 물고기 두 마리로 많은 사람들을 먹였다는 이야기이다. 보리떡이라기보다는 보리빵이었을 것이다. 한국에서 이러한 기적이 일어났다면 인절미 다섯 개 또는 송편 다섯 개의 기적이었을 것이다. 지중해 지역에서는 겨울 강수량을 이용하여 보리나 밀농사를 지어 주식으로 삼았다. 독일을 중심으로 한 북유럽에서도 토질이 척박하고 기후가 벼농사 짓기에 적당하지 않아 주로 보리를 재배하였으며 이는 '맥주 문화'를 탄생시켰다.

🔼 멕시코 전통 술 테킬라의 원료 어게이비(멕시코 시티 교외 관광센터)

마녀사냥의 진실 **193**

고대 문명, 그 뒷이야기

Geography

황하
최근의 연구보고에서는 중국의 고대 문명이 창장 강 유역에서 시작된 것으로 되어있다.

몬순
여름철과 겨울철에 각각 풍향이 거의 정반대가 되는 바람이 넓은 지역에 걸쳐 부는 현상이다. 일반적으로 계절풍이라고 부른다. 기후대에 따라 열대 몬순, 아열대 몬순, 중위도 몬순, 한대 몬순 등으로 구분한다. 세계에서 가장 몬순 현상이 탁월한 곳은 한국을 포함한 동아시아, 인도를 중심으로 하는 동남아시아 일대로서 이 지역을 몬순 아시아라고 한다.

한강이 고대 문명의 발상지가 못 된 사연

세계 4대 고대 문명의 발상지인 나일, 메소포타미아, 인더스, **황하** 문명의 공통점은 무엇인가? 이 질문에 우리는 '큰 강을 끼고 있는 지역'이라고 간단히 답한다.

지금까지 이에 대해서는 의문의 여지가 없었다. 그러나 의문점은 남는다. 세계적으로는 아마존, 미시시피, 니제르, 그리고 한강 등 큰 강이 많은데 하필이면 이들 강만이 선택받았는가 하는 것이다. 또한 고대 문명의 발상 시점을 5,000년 전으로 잡고 있지만 그 이유에 대해서는 명확한 설명이 나오고 있지 않다. 이와 같은 의문들은 지리적으로 어떻게 설명할 수 있을까?

현재 적도서풍은 사하라 남쪽에서 에티오피아를 거쳐 인도에 이르면서 여름 **몬순**(monsoon)을 형성하지만 8,000년 전에는 열대수렴대의 북상과 함께 적도서풍대가 북상, 사하라·인더스·황하 일대까지 도달하여 이 지역들을 녹지대로 만들었다. 이와 같은 상황은 3,000년 동안 지속되었으나 5,000년 전에 이르러 기온의 저하와 함께 건

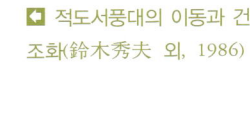
◀ 적도서풍대의 이동과 건조화(鈴木秀夫 외, 1986)

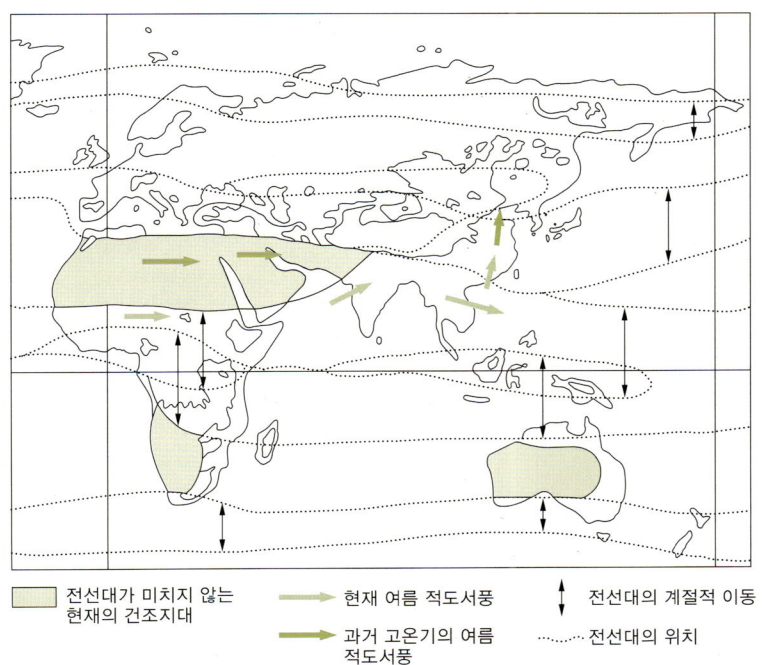

▨ 전선대가 미치지 않는 현재의 건조지대
➡ 현재 여름 적도서풍
➡ 과거 고온기의 여름 적도서풍
↕ 전선대의 계절적 이동
⋯⋯ 전선대의 위치

조화가 시작되었다. 이 건조화는 점차적인 적도서풍대의 남하를 의미하는 것으로, 이와 함께 사하라·인더스·황하 일대 녹지대는 점차 소멸되어 오늘날의 건조지대로 변하고 말았다.

건조화로 인해 토지를 잃은 주민들은 자연히 큰 강 주변으로 모이게 되었다. 그런데 이미 큰 강 주변에는 7,000~6,000년 전부터 원주민들이 살고 있었고 이들은 높은 농업생산성을 바탕으로 도시적 취락을 형성하고 있었다. 분업체제에서 생산 가능한 아름다운 장식 도기가 이라크에서 발굴된 것은 그 증거의 하나이다.

이와 같은 도시 취락에 타 지역으로부터 유랑민이 모여들었고 원주민들은 이 유입민들을 수용하기 위해 하천 관개기술을 발달시키면서 유입민을 노예로 삼아 대규모 신전과 피라미드 등을 건축할 수 있었다. 결국 고대 문명은 5,000년 전부터 양적인 팽창은 물론, 질적으로도 변화하면서 선명하게 그 모습을 드러낸 것이다. 즉, '고대 문명의 발상지'가 아니라 '고대 문명이 꽃피게 된 곳'이라고 표현해야 더 정확하다는 말이다.

고대 문명이 꽃피게 된 곳은 단순히 '큰 강 주변'이 아니라 '적도 서풍의 남하로 건조화된 지역을 흐르는 큰 강 주변'이다. 생활환경 조건의 악화는 오히려 인류의 문명을 꽃피우게 한 중요한 계기가 된 것이다.

중국 고대 문명 발생지는 창장 강이었다

고대 문명이 시작되기 훨씬 오래전인 500만 년 전의 지구는 기후의 한랭화로 꽁꽁 얼어붙어 있었다. 이 시기는 인류의 조상 원숭이 오스트랄로피테쿠스가 출현한 시기이다. 이 시기의 한랭화로 인해 급속히 삼림은 후퇴되었고 따라서 숲 속에서 살아가던 동물들도 그 운명을 함께하지 않으면 안 되었다. 그러나 아프리카의 삼림에 살고 있던 원숭이 중, 단 한 종만은 후퇴하는 삼림을 따라 깊숙한 곳으로 숨어 들어가기를 거부하였다. 즉, 넓게 펼쳐진 초원에 그대로 남아, 변화된 자연환경에 적응하면서 생활을 유지하였다. 숲 속의 나뭇가지 위에서가 아니라, 지상에서 효율적으로 먹을 것을 구하기 위해 초원의 원숭이들은 두 발로 걷기 시작하였다. 그리고 숲 속에서 살 때 나뭇가지를 잡기 위해 발달한 양손은 계속 자유롭게 쓸 수 있게 되었고, 결국 이것이 자극이 되어 대뇌의 발달을 촉진시켜 진화 속도가 빨라지게 되었다는 것이다.

최근 중국 창장 강 중·하류지역의 벼농사지대를 중심으로, 5,500~5,000년 전에 고대 도시문명이 존재했음이 밝혀졌다. 이는 황하문명보다 1,500년 정도 빠른 것으로서, 저장 성(浙江省)을 중심으로 분포하는 양저(良渚) 문화는 그중 하나이다. 양저 문화를 대표하는 저장 성 대막각산(大莫角山) 유적에서는 거대한 인공적인 판축(版築)의 기단과 거대한 주혈(柱穴)을 갖는 도시 유적이 발견되었다. 또한 반산(反山)이나 요산(瑤山)의 유적 묘지에서는, 극히 정교한 옥기(玉器)가 대량으로 발견되었다.

양저 문화의 발견으로, 5,500~5,000년 전 기후의 한랭·건조화가 유라시아 대륙의 4대 문명 탄생에 극히 지대한 영향을 주었음이 새삼스럽게 확증되었다.

지금까지 4대 고대 농업문명(이집트, 메소포타미아, 인더스, 황하)은 '기후변동'과 관련하여 5,500~5,000년 전 탄생하였다는 것이 정설이었다. 그러나 이집트, 메소포타미아, 인더스 등 3대 문명과는 달리 황하문명은 그 출발 시기가 3,500년 전으로서, 다른 3개 문명보다 1,500년이나 늦어진 데 대해서는 그 설명이 명쾌하지 못했다. 그 해답을 바로 창장 강 하류지역의 고대 문명에서 찾을 수 있게 된 것이다. 결국 창장 강 고대 문명의 발견으로 중국 문명의 원류는 황하가 아니라 사실은 창장 강이라는 것이 새롭게 밝혀졌다.

인간 생활을 어렵게 만든 지구의 한랭화는, 인류 문명을 퇴보시킨 것이 아니라 오히려 인간을 긴장시키고 '적자생존'의 원리를 자극하여 새로운 문명을 탄생시키는 과정을 반복해 왔다. 지구 인류의 탄생, 세계 고대 문명의 출현은 그 한 과정이었던 것이다.

기후변동과 고대 지중해의 정신세계

고대 메소포타미아나 지중해 지역에서는 뱀이 대지(大地)의 여신(女神)으로 상징되었다. 기원전 4000~1600년경까지의 유물이나 유적에서 뱀은 항상 숭배의 대상으로 등장한다. 그러나 기원전 1500~1000년경에는 이러한 뱀을 죽이는 새로운 신으로 기후의 신인 남신(男神)이 등장하게 된다. 이 기후의 신은 태양의 힘을 갖는 바람과 비의 신이고 풍요와 다산(多産)의 신이었다.

사람들은 기후의 신이 시리아 북쪽 50km 되는 곳에 자리한 높은 산의 꼭대기에 살고 있다고 생각했다. 이곳은 가장 빨리 겨울비가 내리기 시작하는 곳으로서, 하늘의 신이 살고 있는 산꼭대기에 검은 구름이 걸렸을 때가 겨울비가 시작되는 시기였다.

지중해성 기후 지역에 사는 사람들에게 겨울비의 시작은 매우 중요한 의미를 갖는다. 긴 건계(乾季)가 끝나고 보리나 밀을 파종할 계절이 돌아왔음을 뜻하기 때문이다. 지금도 지중해 지역 사람들은 겨울비가 내리기를 고대하고 있다.

기원전 1500~1000년경은 인류사에서 정신세계의 중심이 뱀을 상징하는 대지의 여신에서 기후의 신으로 바뀐 시기이다. 신의 중심이 대지로부터 하늘로 올라간 것이다. 이러한 정신세계의 전환은 곧 그 뒤의 인류사에 극히 중대한 영향을 미치게 된다.

그러면 당시 왜 그러한 정신세계의 전환이 일어나게 된 것일까? 그 배경에는 미케네 문명을 붕괴시킨 기원전 1200년경을 중심으로 한 기후변동이 깊게 관련되어 있는 것으로 보인다.

당시 북위 35도 이북의 아나톨리아 고원이나 그리스의 기후는 한랭화되고 겨울비가 많아졌다. 반대로 그 이남인 이집트나 이스라엘

지중해성 기후

여름철은 매우 건조하고 이에 비해 겨울철은 온난하면서 비가 많이 내리는 기후이다. 이러한 기후 특징이 유럽의 지중해 지역에서 잘 나타나기 때문에 지중해성 기후라는 이름이 붙여졌다. 그러나 실제로는 남·북위 30~40도 사이의 대륙 서안 여러 곳, 즉 아프리카 대륙 서남단, 북아메리카 대륙 서안인 캘리포니아, 남미 대륙 서안인 칠레 중부 등지에도 분포한다.

의 기후는 한랭화와 함께 건조화가 진행되었다. 결국 북쪽은 겨울 기온의 저하로, 남쪽은 가뭄으로 인해 곡물의 생산량이 극도로 줄어들었다. 이집트 나일 강의 수위는 기원전 1200년경을 중심으로 현저하게 저하된 기록이 있다. 나일 강의 수위 저하는 건조화를 증명해 주고 있다. 이러한 현상은 인더스 강 중·하류지역에서도 관찰된다.

이러한 기후의 악화 속에서 사람들은 대지의 풍요를 지배하는 것이 대지의 여신이 아니라 기후의 신이라는 것을 알아차리게 되었다. 또한, 기원전 1200년경의 기후 악화는 대지를 황폐화시켰고, 이로 인해 각종 질병이 만연했다. 질병의 유행이 기후의 신에 대한 신앙을 확대시킨 또 하나의 요인이 된 것이다.

기후변동과 모세의 출애굽, 그리고 기독교 탄생

고대 지중해 문명은 삼림이 없이는 존립할 수 없었던 '삼림 문명'이었다. 고대 지중해 문명의 경제적 기반이 되었던 무역에는 선박이 필수였고, 선박의 재료는 나무였다. 그리고 선박에 실려 거래되던 청동제품이나 도자기 등을 만들기 위해서는 다량의 땔나무가 필요했으며, 로마 시대에 유행했던 목욕탕 물을 데우기 위해서도 많은 땔감이 필요했다. 많은 땔감은 산을 헐벗게 만들었다. 민둥산의 풍경은 고대 지중해 문명의 진정한 붕괴 이유를 우리들에게 말해주고 있었다. 그러나 역사가들은 그 뜻을 알아차리지 못했다. 인간의 역사는 전쟁이나 계급투쟁이라고 하는 인간과 인간의 싸움에서 움직이는 것이지, 단지 산이 헐벗었다고 해서 문명이 붕괴되지는 않

화분분석

과거의 기후변동을 알 수 있는 것은 화분분석 기법이 발달했기 때문이다. 화분의 크기는 10~150미크론(1미크론=1/1,000mm)으로서 육안으로는 보이지 않을 정도이다. 그러나 그 껍질은 극히 단단하기 때문에 적당한 환경하에서는 수만 년 동안이나 파괴되지 않고 남아있게 된다. 따라서 이들 화분을 분석해 보면 과거 그 화분을 생산한 식물을 추적할 수 있고 이들을 통해 주변 자연환경과 그 변화를 읽을 수 있다.

는다고 생각했던 것이다.

그러나 최근 화분분석(花粉分析) 기법을 이용한 환경고고학 연구 결과, 이러한 인간중심의 역사관만으로는 인간의 역사를 바로 볼 수 없으며, 산이 헐벗게 된 것이 고대 지중해 문명의 붕괴에 결정적인 의미를 지니고 있다는 점을 분명히 알게 되었다.

고대 지중해 문명(미케네 문명)은 당시 기후변동에 의해 붕괴되었고, 이와 같은 기후변동은 또한 민족의 이동을 초래하여 인류 문명사에 하나의 획을 긋는 결정적인 계기가 되었다.

고대 지중해의 기후변동은 사람들의 신앙의 대상을, 대지의 신으로부터 기후의 신으로 바꾸어놓았다. 기후의 신을 믿는 신앙은 원래 목축민들의 것이었다. 기후가 건조화되고 사막화가 진행되자 목축민은 사막을 버리고 농경민의 취락을 침략했다. 그 결과 목축민의 문화가 농경민의 문화 속으로 파고들어 간 것이다. 이것이 기후의 신의 확립과 확대에 커다란 영향을 미쳤다. 그 전형적인 예가 바로 여호와 유일신교의 확립으로 나타났다.

구약성서의 출애굽기는 너무 유명한 이야기이다. 모세가 학대받던 히브리인들을 탈출시켜 고향 이스라엘의 가나안 땅으로 돌아간다는 내용이다. 성경에는 히브리인들을 해방시키자는 모세의 간청을 뿌리친 왕이 신으로부터 받은 벌의 내용을 기록해 놓고 있다. 즉, 나일 강이 핏빛으로 변하고 개구리, 등에가 크게 번성하고, 우박이 떨어지며 가축들이 질병으로 죽어갔다.

이는 모세 시대에 기상재해가 일어났음을 추정하는 근거가 된다. 이집트에서 우박이 내린 것은 기후의 한랭화를 의미한다. 나일 강이 핏빛으로 물든 것은, 건조화로 인해 나일 강 수위가 내려가 붉은

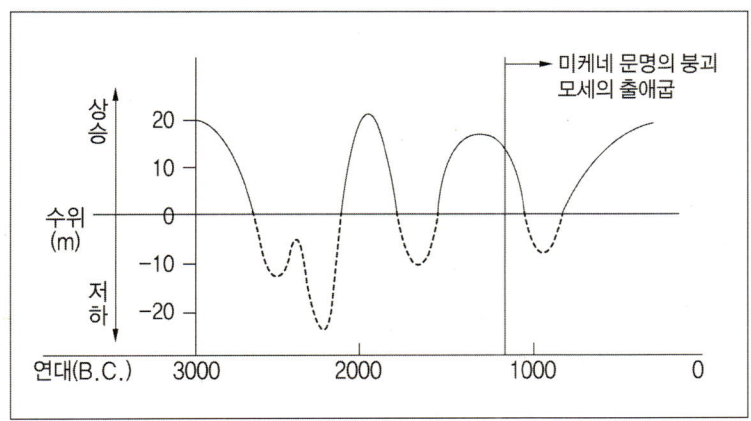

◀ 나일 강의 수위변동과 미케네 문명의 붕괴(安田喜憲, 1993)

색의 진흙 강으로 바뀐 것을 의미한다. 화분분석 결과, 모세의 시대는, 나일 강 유역의 기후가 한랭·건조화된 것으로 밝혀진 기원전 1200년경에 해당된다.

모세는 기원전 1200년경 기후 악화에 따른 혼란기 속에서 이집트를 탈출하여 고향으로 돌아갈 결심을 했다. 이집트를 탈출한 히브리인들은 약 3,000명 정도로 추측된다. 일행이 홍해를 건널 때 바다가 갈라져 이집트 군사를 물리친 이야기는 너무 유명하다. 그러나 히브리인들은 시나이 반도를 장기간 방황하지 않으면 안 되었다. 그들의 예상과는 달리 시나이 반도는 기후의 건조화 속에서 황폐화되어 있었기 때문이다. 성스러운 시나이 산에 도착했을 때 모세는 신의 계시, 즉 십계를 받게 되는데, 이것이 바로 일신교의 탄생 순간이었다. 모세는 여호와 일신교를 창설한 사람이 된 셈이다. 미케네 문명을 붕괴시킨 기원전 1200년경의 기후변동은, 동시에 고대 지중해 세계의 정신세계와 세계관을 변화시켰다. 이를 상징하는 사건이 바로 기독교의 탄생이었다.

기후의 신비

Geography

세계에서 가장 추운 곳과 더운 곳

수십 년 전까지만 해도 지구 상에서 가장 추운 곳은 시베리아 동부의 베르호얀스크와 그 주변의 오이먀콘으로 알려져 있었으며 최저기온은 섭씨 영하 68도로 기록되었다. 그러나 1957년 이 기록은 깨졌다. 남극점에 있는 미국의 아문센·스코트 기지(해발 2,800m)에서 월동 관측대에 의해 영하 74.5도가 기록된 것이다.

그 뒤 1960년 8월 24일에는 동남극(東南極) 중심부에 위치한 러시아의 보스토크 기지(해발 3,488m)에서 영하 88.3도가 관측되었는데, 이는 시베리아보다 섭씨 20도나 낮은 수치였다. 월평균 기온으로 보면 미국의 플래트 기지에서는 최한월인 8월 한 달 평균 기온이 영하 71도로 기록된 적이 있다.

남극 대륙은 95%가 평균 1,900m의 두께를 갖는 얼음으로 덮여 있고, 평균 고도는 2,000m를 넘는다. 해발 0m 이상은 거의 얼음으로 되어있다고 생각하면 된다. 1969년 서남극에 있는 미국의 연구 기지(해발 1,515m)에서는 2,164m 아래 기반암까지 빙판에 구멍을 뚫어 얼음 샘플을 채취하여 조사한 결과, 가장 아래쪽에 있는 얼음은 약 10만 년 전에 내린 눈이 쌓여 만들어진 것으로 밝혀졌다.

사하라, 아라비아 사막 등을 포함한 중동이나 북아프리카는 세계에서 가장 더운 곳이다. 카이로 주변의 경우 평균 기온은 섭씨 40~45도가 보통이며 바그다드에서는 50도를 넘는 경우도 적지 않다.

이들 지역에서는 낮잠 자는 일이 건강 유지에 필수적이다. 관공서나 상가들은 오후 1시부터 5시까지 쉰다. 여름 동안 관공서는 오전 근무만 하거나 오후 2시까지만 근무한다. 다른 철에는 저녁때부터 오후 8시까지 근무하기도 한다.

알제리의 하시메사우드도 5~10월 동안은 하루 온도가 그늘 속에서도 섭씨 40~50도가 된다. 이들 지역에서는 발산되는 수분을 공급해 주기 위해 하루 10~15리터의 물을 마셔야 한다.

어느 여름날 사막을 지나던 트럭이 고장을 일으켰다. 운전수는 사막의 공포를 너무 잘 알고 있었기 때문에 바로 차 밑으로 기어 들어가서는 꼼짝 않고 웅크린 채 구조를 기다렸다. 아침 11시에 고장을 일으켜 구조대가 온 것이 밤 11시였으니 꼬박 12시간 동안 그는 한 걸음도 움직이지 않았다. 그럼에도 불구하고 그의 체중은 7kg이나 빠졌다고 한다.

별이 속삭이는 시베리아

세상에서 가장 추운 나라 얘기가 플루타르크 영웅전에 나온다. 입에서 튀어나온 말이 곧바로 얼어 여름이 되어야 녹는다는 것이다. 시베리아가 그런 곳이 아닐까?

러시아에서의 '시베리아행'은 북한에서의 '아오지행'이라는 말로 통한다. 우리나라의 한겨울 추위를 몰고 오는 북서계절풍의 고향도 시베리아의 바이칼 호 지방이다. 시베리아 중에서도 가장 추운 곳인 오이먀콘에서는 섭씨 영하 65도까지 내려가고 그 근처인 베르호얀스크, 야쿠츠크의 1월 평균 기온은 섭씨 영하 40~50도가 된다. 이곳에서는 일반 온도계는 얼어버리기 때문에 알코올 온도계를 사용한다. 콧구멍에 얼음 줄기가 생기는 것은 물론, 숨을 쉬면 그 입김이 얼어버려 마치 눈가루처럼 떨어져 내리는데, 이 지방 사람들은 이를 '별(星)의 속삭임'이라고 부른다.

베르호얀스크나 야쿠츠크의 땅은 겨울철 추위 때문에 지하 250m까지 1년 내내 얼어있는데, 이를 영구동토라고 한다. 그러나 대륙성 기후로 인해 7월은 덥고 하루 중 섭씨 35도가 넘는 경우도 흔하다. 그래도 날씨가 흐리면 기온은 크게 내려가 수(數)도 정도 되고, 8월 말이면 아침으로는 영하로 떨어진다. 따라서 영구동토라고는 하지만 지표 얕은 곳은 여름에 녹았다가 겨울에 다시 어는데, 이 부분을 활동층이라고 한다. 활동층의 두께는 야쿠츠크 부근의 삼림에서는 50cm, 도로 부근에서는 2m가 된다. 영구동토는 시베리아뿐만 아니라 알래스카, 캐나다 북부, 중국의 오지 등에 넓게 분포하며, 그 면적은 지구 전체 육지의 14%나 된다. 시베리아 동토는 그중에서도 가장 넓은 곳이다. 동토의 두께는 북극해 연안에서 500m, 시베리아 철도 연변에서는 15m 정도에 이르며, 야쿠츠크의 영구동토가 어는 데는 약 1만 7,000년 정도가 소요된다고 한다.

동토지대의 콘크리트 건물은 고상식(高床式)인 것이 특징이다. 이는 마룻바닥 아래로 1m 정도 공간을 두고 그 위에 건물을 세우는 것으로 건물의 침하에 의한 피해를 줄이기 위함이다. 즉, 건물이 직접 지표면과 닿아있을 경우, 건물의 난방열로 인해 동토 지반이 녹으면 동토 속에 들어있던 얼음이 물이 되어 빠져나가고 땅은 침하하게 되며 이와 함께 건물도 침하하기 때문이다. 기초가 되는 말뚝은 철근 콘크리트로서 한겨울 표토가 얼었을 때 증기로 언 땅을 녹이면서 구멍을 파고 그 구멍에 말뚝을 지하 깊은 곳까지 박아 들어간다. 땅이 얼면 다시 말뚝에 달라붙어 결국 암반에 말뚝을 박아 놓은 것과 같은 효과를 얻는 것이다.

베르호얀스크나 야쿠츠크에서는 겨울이 단순히 추운 것만 아니라 밤이 긴 것이 특징이다. 지평선 저쪽에서는 빛나는 태양이 잠깐 동안 떠오른다. 12월 중순~1월 말까지는 오전 10시~오후 2시까지가 낮이며, 4월 말~5월 초순에 걸쳐 나무의 싹이 트기 시작하고 얼음이 일제히 녹기 시작한다. 여름은 겨울과 반대로 백야(白夜)가 된다. 8월 중순이 되면 나뭇잎들은 누렇게 변하고 아침에는 서리가 내린다. 이 기간이 짧은 가을인 셈이다.

1년 중 6개월 이상이 영하의 추운 날씨이지만 농업이 가능하다. 그러나 내한품종인 감자의 경우라도 서리가 5일 정도 빠르게 내리는 등 약간의 기후변화만 있어도 수확이 불가능해진다.

우리나라의 '시베리아'는 중강진으로 1931년 섭씨 영하 43.6도를 기록하였다. 남한의 시베리아는 경북 봉화의 춘양면으로 이야기되고 있다. 춘양기상관측소는 겨울에 춘양이 한 달에 평균 16~17일씩 국내 최저기온을 기록한다고 밝힌 바 있다. 이곳이 이렇게 추운 것은, 해발 300~600m의 고지이면서 분지지형이어서 찬 공기가 오래 잔류하기 때문이다.

콜로라도의 인공홍수 쇼

Geography

　미국은 1996년 3월 26일부터 1주일 동안 세계 최대 협곡인 그랜드캐니언에서 '인공 대홍수 쇼'를 벌였다. 인공홍수는 그랜드캐니언을 흐르는 콜로라도 강 상류 그랜드캐니언 댐의 수문을 활짝 열어 댐이 건설되기 전 매년 봄에 일어나던 자연홍수를 재현하는 것이었다.

　이 계획은 1963년 건설된 그랜드캐니언 댐으로 인해 콜로라도 강 바닥에 쌓인 엄청난 양의 퇴적물을 인공홍수를 통해 쓸어냄으로써 댐 건설로 파괴된 자연환경을 되살리고자 한 것이었다. 길이 460여 km, 평균 깊이 2km인 그랜드캐니언을 흐르는 콜로라도 강에 댐이 건설된 뒤 물줄기가 약해지고 퇴적물이 쌓이면서 수십억 년에 걸쳐 형성된 그랜드캐니언 생태계와 지질 구조의 파괴가 뒤따랐다. 이에 따라 미국 정부와 과학자들은 13년 동안 인공홍수의 타당성과 영향, 효과 등을 면밀히 연구한 끝에 인공홍수 쇼를 연출하게 된 것이다.

　초당 인공홍수량은 미국에서 가장 높은 건물인 시카고 시어스 타

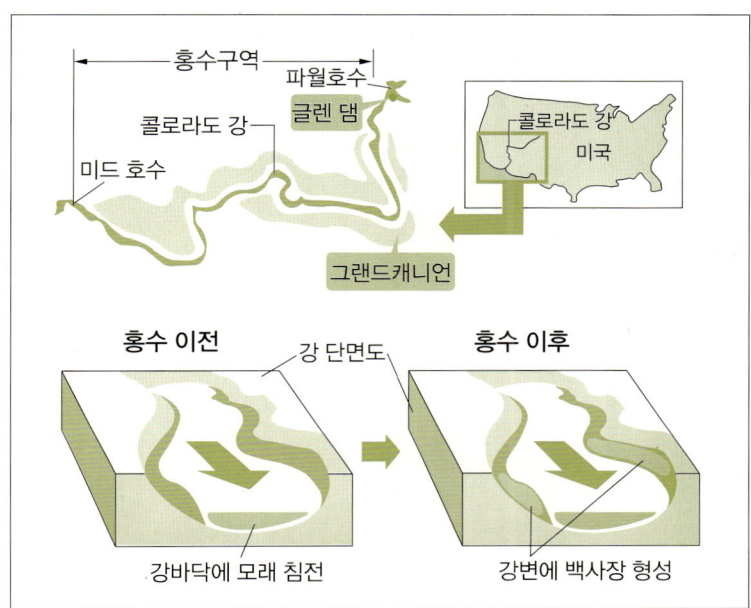

▶ 그랜드캐니언 인공홍수 개념도(《중앙일보》, 1996. 3. 27.)

워(110층, 높이 436m)를 채우는 데 불과 17분밖에 걸리지 않는 양이다. 인공홍수로 방류된 물은 4억 5,000만 톤으로 로스앤젤레스 시민 400만 명이 7개월 동안 사용할 수 있는 양이다. 인공홍수 쇼에 들어간 비용은 6,450만 달러, 그러나 진짜 손실은 전력 감산으로 무려 1억 달러어치의 전기를 생산할 수 있는 물이 그대로 방류된 것이었다. 《유에스에이 투데이》에 따르면 인공홍수가 끝난 뒤 콜로라도 강은 크게 줄었던 백사장이 이전보다 30% 늘어났다. 댐 건설로 없어졌던 배수지의 물길도 다시 생겨났고, 과학자들은 배수지에 많은 수중 생물들이 서식할 것으로 기대하고 있다.

미국 정부는 이 인공홍수 쇼가 기대 이상의 효과를 가져온 것으로 평가하고 콜로라도 강과 그랜드캐니언의 환경보전을 위해 정기적으로 인공홍수를 일으키기로 했다. 특히 미국 정부는 현재 댐 건

◘ 그랜드캐니언
(성운용 사진)

설 등으로 생태계가 파괴되고 있는 플로리다의 에버글레이드 지역, 캘리포니아의 센트럴 벨리, 미시시피 강 하구 삼각주, 플랫 강 등에서 인공홍수를 이용한 생태계 재생을 시도할 계획을 세우고 있다.

땀구멍을 세어본 적이 있는가?

Geography

아시아인들의 땀샘 수를 조사 비교한 재미있는 연구 결과가 있다. 아이누족(홋카이도 사할린의 원주민으로 유럽인과 몽골인의 혼혈족)의 평균 땀샘 수는 144만 3,000개, 러시아인의 경우 186만 6,000개, 대만인은 241만 5,000개, 태국인은 242만 2,000개, 필리핀인은 280만 개이다. 신체가 그 지역의 기후에 적응하여 한랭한 기후지역에 거주하는 인종일수록 땀샘 수는 적고, 열대기후 쪽으로 갈수록 땀샘 수는 크게 증가하고 있는 것이다. 이를 '능동 땀샘 수'라고 한다. 이는 거주환경에 적응하여 땀샘이 능동화되는 것으로, 보통 발생 28주에서부터 생후 2년 6개월까지 결정되는 것으로 알려져 있다. 따라서 생후 2~3세 어린이의 성장환경에는 과도한 냉방장치를 억제하는 것이 좋다. 열대지역의 흑인들은 피부가 검기 때문에 체온상승률이 높은 반면에 땀샘 수가 많아 적당히 체온을 조절할 수 있는 것이다.

고산지대로 갈수록 기압이나 산소 분압(分壓)이 감소하기 때문에 저지대 주민들은 2,500m 이상의 고지대로 올라가면 고산병 증세가

고산지대에 적응해 살아 가는 안데스 원주민(페루 꾸쓰꼬, 해발 3,400m): 산소가 부족한 고산지역의 환경 때문에 뺨이 붉고 키가 작으며 평균 수명은 55세 정도이다.

나타난다. 처음에는 호흡수나 맥박 수가 증가하고, 점차 심해지면 두통, 권태, 비출혈(鼻出血), 정신 활동의 둔화와 함께 더욱 심해지면 호흡곤란, 심장쇠약으로 사망하기도 한다. 그러나 안데스 산지나 동아프리카 고원, 티베트 고원 등 고지대 주민들은 저지대 주민들에 비해 폐활량이 큰 것이 특징이고, 이로 인해 큰 어려움 없이 고산 생활을 하고 있다. 물론 저지대 주민들도 고지대에서 약 2개월 정도만 버티면 적응력이 생긴다.

안데스 고산지대에 위치한 호텔에서는 코카인 잎으로 만든 녹차를 제공한다. 코카인은 마약의 원료로 알려져 있지만, 소량복용은 고산증에 큰 도움이 되기 때문이다.

인간의 신체기능은 자연적으로 그곳의 기후환경에 잘 적응해 살아가게끔 되어있는데 이를 기후순화(acclimatization)라고 한다. 그러나 이러한 자연적 기후순화에는 한계가 있으며 이를 극복하는 것은 결국 인류의 기술과 문명이다. 한여름의 에어컨, 한겨울의 난로, 따뜻한 의복 등은 인류의 지혜로 기후순화의 한계를 크게 극복하는 좋은 예이다. 따라서 인류는 기술, 문명이 발달하면서 자연적으로는

◆ 마사이족 여인들: 열대 기후에 순화된 탄자니아 원주민.

거주할 수 없는 극한지역(사막이나 극지방 등)까지도 거주지역으로 개발하게 되었다. 인간 거주 가능지역을 외쿠메네(ökumene), 불가능지역을 안외쿠메네(anökumene)라고 하는데, 결국 인류 역사라고 하는 것은 외쿠메네를 확대해 온 역사라고 할 수 있다.

지리학에서는 인류 집단을 생물학적 특징에 따라 분류하고 이를 생물지리학적 입장에서 연구하는 분야가 있는데, 이를 인종지리학(racial geography)이라고 한다.

마녀사냥의 진실 211

김치 관광

Geography

　이제 김치를 즐기는 외국인들도 꽤나 많아졌고 상술에 능한 일본인들은 세계적인 김치 수출국이 되었다. 그러나 일본인들이 만들어 파는 김치는 일본 김치가 아니라 한국 김치이다. 일본 김치가 한국 김치와 다른 점은 고춧가루를 쓰지 않는다는 것이다. 일본은 우리와 달리 해양성 기후이기 때문에 늘 습기가 많아 고추 농사를 지어도 제대로 바짝 말려 양질의 고춧가루를 만들어내기가 어렵다. 이에 대해 우리의 맑고 깨끗한 가을 날씨는 고추를 널어 말리기에 얼마나 좋은가!

　최근에는 '김치 관광'이라는 말이 생겨났다. 외국인이 많이 찾는 호텔에서는 생선회와 김치가 곁들여 나오고, 또 다른 호텔에서는 '김치 케이크'가 인기이다.

　우리 식탁의 기본 메뉴인 김치의 역사는 고려 때로 거슬러 올라간다. 고려 때의 김치는 채소 소금절임 형태로서 마치 일본의 '쓰케모노'와 유사했다. 그 뒤 조선 광해군(18세기) 때 고추가 전래되어 지금의 '붉은 김치'가 만들어지기 시작했고 아울러 젓갈을 사용할 수 있게 되었다.

고추는 15~16세기경 대항해 시대 멕시코를 거쳐 유럽, 일본을 통해 한국으로 들어왔다. 고추는 젖산균을 10배 이상 증대시키는 효과가 있는 반면 잡균의 성장을 억제하는 효과도 있다. 즉, 고추에 포함된 항암물질인 캅사이신은 미생물 발육을 억제하여 저장성을 높이게 되는데 김치에 젓갈을 사용할 수 있게 된 것은 바로 이 물질의 덕택이다. 보통 중서부에서는 새우젓갈을, 남부에서는 멸치젓갈을 이용한다.

김치와 유사한 것이 쓰케모노와 피클이다. 일본의 쓰케모노는 소금에 절인 것으로 채식을 하는 사람들이 주로 먹는 음식이다. 곰팡이가 부패하면서 만들어진 것으로 다습하고 사계절이 뚜렷한 기후의 산물이다. 이에 비해 피클은 초절임 형태로서 육식 위주의 식습관과 관련이 깊으며 세균이 부패시킨 음식이다. 주로 저습하고 연중 온난한 지역의 산물이다.

보름달 보고 미친다

Geography

    전통적으로 멧돼지 사냥은 음력 보름을 전후로 하여 하는 것을 불문율로 삼고 있다. 보름달이 뜰 때면 멧돼지의 생체리듬이 변하고 흥분하여 행동이 부주의해지므로 이때를 틈타 사냥을 한다는 것이다. "보름달 보고 미친다"라는 말도 있다. 멀쩡하던 처녀가 보름달 보고 훌쩍 뛰쳐나가 며칠 있다가 슬쩍 들어오기도 한다. 보름달의 마력 때문이다.

    기후는 우리의 기분과 행동을 크게 결정하며 많은 질병들은 기후와 관련이 있다. 정신과 의사들은 비가 오는 날이면 비상사태 근무로 들어간다. 비가 오면 정상인들도 우울증이 심해지는데 신경정신과 환자들에게는 치명적일 수 있기 때문이다.

    계절적으로 발생하는 질병들은 대부분 기후와 관련이 있다. 이 경우 기후는 기온, 습도 등의 조건을 통해 세균의 번식력을 좌우하며 질병에 대한 신체 저항력을 저하시킨다. 특정 지역에서 발생하는 경우는 풍토병이라고 하는데, 말라리아가 그 대표적인 예이다. 기상변화에 따라 발생하거나 그 증상이 악화되는 것을 기상병이라고 한다. 류머티즘, 신경통, 기관지염, 뇌출혈, 정신장애 등이 그 좋은 예이다. 최근 도시화에 따라 나타나는 공해병 역시 일종의 기상병이다.

강원도 춘천을 찾는 이들은 아름다운 호반의 도시를 만끽하고 돌아온다. 그러나 정작 춘천에 뿌리를 내리고 살아가는 사람들은 괴롭기만 하다. 호수로 둘러싸여 있는 춘천은 그 외관은 아름다울지 모르지만, 이로 인해 많은 안개가 발생하여 생활에 적지 않은 지장을 주고 있다. 일조량이 부족하여 농사가 제대로 되지 않는 것은 물론이고 기관지가 약한 사람들은 이 안개 때문에 큰 고통을 받는다. 실제로 춘천 주민을 대상으로 연구한 결과에 따르면 댐이 건설되기 이전에 비해 안개 일수가 크게 증가하였고 이로 인해 기관지 질환 발병률이 크게 증가했다는 것이다.

시험공부는 냉장고 속에서

Geography

최적기온
헌팅턴은 인류에게 공통된 최적온도가 있다고 지적했고, 주로 '노동과학(勞動科學)' 쪽에서 연구가 진행되었다. 그 뒤 보고된 자료 중 흥미로운 것은, 인간의 의복 안쪽은 언제나 섭씨 31~33도, 습도 50% 전후로 유지된다는 것이다.

겨울이면 따뜻한 것이 좋고 여름이면 시원한 것이 좋다. 그러면 어느 정도 따뜻하고 시원해야 하는가? 사람의 기분 또는 육체는 기후 조건(기온, 바람, 습도 등)에 따라 민감하고 일의 능률의 차이도 매우 크다. 물론 정신노동인지 육체노동인지에 따라서도 그 최적 기온은 달라진다. 노동은 보통 섭씨 4~32도 내에서 가능하며, 실외 노동인 경우 1시간당 강수량이 1mm 이상인 경우, 그리고 초속 7m 이상의 바람이 부는 경우는 노동 능률이 급격히 떨어진다고 한다.

헌팅턴(Huntington)은 기후가 인간의 능률을 결정하는 데 매우 중요한 인자가 된다고 생각하고 '인간의 능률이 오르는 **최적기온**을 찾아내는 실험을 한 적이 있다. 그는 정신노동자와 육체노동자 두 집단으로 나누어 실험을 하였다. 우선 정신노동자 집단으로서 미 육군사관학교와 해군병학교 학생들을 상대로 수학, 영어 성적이 기온에 따라 어떻게 달라지는지를 실험하였는데, 섭씨 4도에서 가장 좋은 성적이 나온다는 결론을 얻었다. 이는 냉장고 온도에 해당한다. 아울러 육체노동자 집단으로서 코네티컷, 플로리다의 남녀 공장

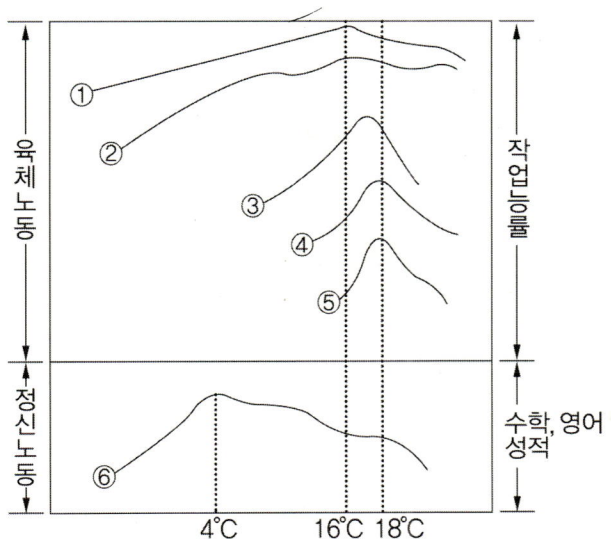

능률과 기온의 관계
① 코네티컷 공장 남자 근로자
② 코네티컷 공장 여자 근로자
③ 덴마크 공장 남자 근로자
④ 플로리다 공장 남자 근로자
⑤ 플로리다 공장 여자 근로자
⑥ 미육군사관학교, 해군병학교

종업원들을 대상으로 한 작업 능률과 기온의 관계 실험에서는 평균 섭씨 17도에서 가장 능률이 오르는 것으로 나왔다.

전체적으로는 기온이 온화하면서 기온의 일변화가 큰 중위도 지방에서 인간 활동의 능률이 높다고 한다. 지구 상의 인구밀도가 가장 높은 곳이 중위도인 것은 이 때문이다. 인간의 평균생활에서 보면 중위도의 기후가 최적 기후가 되는 셈이다. 그러나 같은 중위도 지방이라도 기온 변화가 있는 날은 능률이 높아지고 같은 기온이 계속되면 능률은 떨어진다고 하는데, 이는 적절한 스트레스가 생활에 좀 더 활력을 준다는 것을 의미한다.

헌팅턴의 이론이 비판의 여지가 없지는 않지만, 자연환경과 인간의 관계를 고찰하여 인류 문명을 이해하려고 하는 그의 이론은 오늘날 환경지리학적 입장에서 보면 상당한 가치가 있는 것으로 인정받고 있다.

울릉도 트위스터

Geography

　　울릉도 뱃길 여행에서 운 좋을 때 만날 수 있는 것이 용오름이다. 용오름이란 바다 한가운데서 갑자기 회오리바람이 일어나 물보라를 하늘 높이 들어올리는 현상으로 울릉도 주변 해역에서 종종 나타난다. 1989년 10월 도동 앞바다에 나타난 용오름은 높이 104m까지 솟아 5분 동안 지속된 적이 있다.

　　회오리바람은 기후학적으로는 토네이도를 말한다. 이는 폭풍을 동반하는 저기압의 하나로서 그 규모가 가장 작지만 가장 강력한 힘을 가지고 있는 것이 특징이다.

　　토네이도의 내부에서는 초속 130m 정도의 바람이 불며 때에 따라서는 초속 200~300m의 바람이 불기도 한다. 또한 토네이도가 통과할 때는 순간적으로 기압이 250헥토파스칼(hPa) 정도까지 떨어져 대형 건물도 간단히 파괴되어 버린다. 태풍의 최대 풍속이 초속 80m, 최저기압 880hPa인 것을 감안하면 얼마나 그 위력이 대단한지 짐작할 수 있다. 60톤이나 되는 열차를 가볍게 들어올려 수십 m나 날려버린 예도 있고, 사람이 탄 채로 승용차가 30m나 들어올려졌다가 다시 지상으로 떨어졌지만 아무런 피해도 입지 않았는가 하면, 살아있는 닭을 털만 몽땅 뽑아놓은 진기한 예도 있어 토네이도의 신비감을 더해주고 있다.

토네이도가 발생하는 원인은 대기의 큰 불안정, 높은 습도, 바람의 수렴(收斂) 등으로 알려져 있으나, 상세한 발생 원인은 밝혀져 있지 않다. 영어에서는 육지에서 '먼지 기둥'을 일으키는 건조한 회오리바람을 '랜드 스파우트(land spout)', 바다 또는 호수에서 나타나는 '물기둥'을 '워터 스파우트(water spout)'라고 구분한다. 우리나라에서 용오름이라고 하는 것은 워터 스파우트에 해당하는 것이다.

토네이도는 연평균 섭씨 10~20도 지역에서 가장 빈번히 발생하는데 미국, 유럽, 오스트레일리아 등지에서 가장 많이 발생한다. 그 중에서도 미국은 세계적으로 토네이도가 가장 많이 발생하는 지역으로 알려져 있다. 미국에서도 중서부, 남동부 연안의 여러 주에서 발생하는데 텍사스, 플로리다, 오클라호마, 캔자스, 아이오와, 조지아 주 등이 그 중심이 되며 이에 따른 피해도 가장 크다.

<트위스터>라는 영화는 세계적인 감독 스티븐 스필버그와 촬영의 마술사라고 부르는 얀 드봉, 첨단 특수효과의 대명사인 조지 루카스의 ILM(Industrial Light and Magic)이 손잡고 만든 영화로서, 미국 중부 지방에 국지적으로 발생하는 토네이도를 소재로 한 영화이다. 트위스터란 토네이도를 달리 부르는 이름이다.

이 영화의 제작진은 토네이도 전문가, 기상전문가, 국립폭풍기상연구소팀들로부터 철저한 자문과 교육을 받고 실제로 토네이도를 쫓아다니면서 과학적인 근거에 바탕을 두고 촬영에 임했다. 실제로 촬영할 수 없는 회오리바람은 대형 컴퓨터를 이용하였는데 그 분량

은 콤팩트디스크 2만 4,000장(17조 바이트)에 달하는 것이라고 한다.

영화 트위스터의 배경이 된 곳은 미국 오클라호마와 아이오와 주이다. 미국의 경우는 캐나다 북쪽의 대륙성 한랭건조한 대기와 멕시코 만 연안의 열대성 고온다습한 불안정 대기가 서로 만나기 쉽기 때문에 세계적으로 토네이도가 많이 발생하는 것으로 알려져 있다.

마녀사냥의 진실

Geography

1431년 19살의 어린 나이에 화형장에서 한 줌의 재로 사라진 잔 다르크의 죄명은 '마녀'였다. 그 뒤에도 수천 명의 '마녀'들이 희생되었고, 특히 16~17세기에 들어와서는 폭발적인 '마녀 재판'의 돌풍이 유럽을 휩쓸었다. 이 시기에만 900만 명이 넘는 고귀한 생명이 '마녀사냥'의 희생양이 된 것으로 추정된다.

유럽의 기후는 16세기 후반부터 제1소빙기(小氷期)로 불리는 한랭기(寒冷期)로 돌입한다. 이를 가장 극단적으로 보여주는 것이 포도주 생산량의 감소이다. 원래 포도는 따뜻한 지중해성 기후의 작물이다. 이러한 포도를 알프스 이북의 한랭한 지방에서 재배할 경우에는 약간의 기후변동에도 심각한 타격을 입는다. 특히 포도 생장기인 봄부터 여름에 걸쳐 기온이 떨어지면 이는 바로 흉작으로 직결된다.

독일에서 포도 생산량이 1550년경부터 감소되기 시작하여 1650년경에는 포도밭 면적이 1/6 이하까지 줄었다. 이 같은 사정은 스위스, 프랑스에서도 마찬가지였다. 이 때문에 포도주 생산량은 줄어들

소빙기

지구의 기후는 고온기와 저온기를 반복하면서 변화해왔다. 이 중 저온기를 우리는 빙기 또는 빙하기라고 부른다. 그러나 고온기일지라도 일시적으로 짧은 기간의 저온기가 나타나는 경우가 있는데, 이를 소빙기라고 한다.

게 되었고, 특히 독일에서는 포도주 대신에 맥주의 비중이 커지기 시작했다. 한랭기가 되자 서늘한 여름이 이어졌고 포도의 당분 축적이 잘 되지 않자 포도 수확기는 1개월 이상씩 늦어져 위기 상황을 맞게 되었다.

기후 악화로 포도 농사를 망치게 된 유럽 사람들은 경제적·사회적인 위기감을 느끼게 되었고, 이러한 사회적 위기감을 타개하기 위해 결국에는 '기후 마녀'를 만들어냈다. 즉, 자연적인 기후 악화 현상을 '마녀 탓'으로 돌려, 마녀를 처형함으로써 그 위기를 극복하고자 했던 것이다. 제1소빙기의 기후 악화에 따른 생활고가 마녀재판을 유발하는 계기가 된 것이다.

당시 유럽인들은, 마녀가 우박을 내리게 하고 악천후를 불러일으켜 흉작을 가져오게 하는 힘이 있다고 믿었다. 그래서 당시 마녀를 그린 그림 속에는 필수적이라고 할 만큼, 우박과 폭풍우를 그려넣고 있다. 제1소빙기라고 하는 자연적인 기후대변동의 원인은 결국 마녀 탓으로 돌려졌고, 많은 힘없는 과부들은 그 희생양 '마녀'가 되어 화형장의 한 줌 재로 사라져갔다. 마녀사냥에는 지금으로 말하자면 '집단 따돌림(왕따)'의 심리가 실려있었던 것이다.

대추야자의 비밀

Geography

대추야자는 오아시스 농업의 대명사이다. 왜 하필이면 대추야자일까?

인간은 하루라도 소금 없이는 살 수 없지만 지나친 소금 섭취는 건강을 크게 해친다. 인스턴트 식품에 크게 비중을 두는 현대인들의 식탁에서 가장 경계 대상이 되는 것도 소금이다. 지구 상에 존재하는 물에는 많든 적든 소금이 들어있는데, 인간을 포함한 지구 생물들은 그들이 섭취할 수 있는 물속의 소금 함량의 한계치가 각각 다르다.

▲ 대추야자

보통 인간이 음료수로 섭취할 수 있는 물의 소금 함량 한계는 약 500~750ppm이다. 즉, 물 1kg 속에 500~750mg의 소금이 들어있는 물만을 음료수로 사용할 수 있으며 이 한계치를 넘게 되면 건강을 해쳐 장기간 음료수로 사용할 수가 없다.

육지의 물에도 어느 정도의 소금 성분은 들어있고, 그중에는 바다와 같거나 그보다 훨씬 소금 성분이 많이 함유된 경우도 있다. 따라서 육지의 물이라도 소금 함유량이 500ppm 이상인 경우는 염호(鹽湖)라고 하여 담수호(淡水湖)와 구분한다. 500ppm이라고 하는 수치는 바로 인간이 섭취할 수 있는 음료수의 소금 함량 한계치인 것이다.

인간에 비해 일반 작물은 그 한계치가 다소 높아 1,500ppm 정도가 된다. 인간보다 두 배 이상의 높은 염분 농도를 극복할 수 있다는 말이다. 그중에서도 대추야자의 경우는 그 성장에 피해를 주는 한계치가 8,000ppm 정도로 매우 높다. 건조지역의 기후 특성은 강수량보다 증발량이 많다는 것인데, 이들 지역에서는 토양 및 지하수 염도가 크게 높아지게 되므로 이러한 환경에서는 염분에 대한 저항력이 강한 대추야자를 주요 작물로 재배할 수밖에 없다.

마사이 워킹

Geography

    경기도 분당에는 율동자연공원이 있다. 나지막한 구릉지를 뒤에 두고 꽤 넓은 호수를 그 안에 끼고 있는 호수공원이다. 호수 주위로는 약 2km의 산책로가 있어 남녀노소 할 것 없이 가벼운 산책과 달리기를 하기에 안성맞춤이다.

    나도 분당에 살기 시작하면서부터는 이곳을 즐겨 찾게 되었다. 특별한 일이 없는 한 퇴근 후 가볍게 '마사이 워킹'으로 호수 두 바퀴를 도는 것으로 하루를 마무리한다. 거리상으로는 약 4km 정도가 되는데, 소요 시간은 40분 정도로 나에게는 적당한 운동량이다. 금년 들어 부쩍 공원을 찾아 걷거나 달리는 시민들이 늘어났고, 최근에는 이들을 대상으로 하여 큼지막하게 내건 '마사이 워킹' 광고판이 눈길을 끌고 있다.

    웰빙의 유행과 함께 간단하게 건강을 지킬 수 있는 걷는 운동이 보급되면서 '마사이 워킹'이 유행이다. 발 빠른 기업에서는 최첨단 기술을 이용했다는 고가의 기능성 신발까지 개발하여 판매하고 있다. KBS TV에서 방영하고 있는 의학전문 다큐멘터리 <생로병사

3만 보를 걸어서 시장에 나온 마사이족

의 비밀> 프로그램이 이러한 붐을 일으키는 데 한몫을 했다. 그 요지는 건강을 위해 걷되 마사이인들처럼 걸어야 한다는 것이다.

마사이족은 아프리카 민족문화 유형 중 동남부 반투 목축·농경문화권에 속한 종족으로, 사바나기후 지역에서 주로 유목생활을 한다. 마사이족은 소나 염소 같은 가축으로부터 음식 재료를 얻는데, 특히 살아있는 소의 목에 구멍을 내어 생피를 받아 마시는 풍습으로 유명하다. 마사이족들은 180cm가 넘는 큰 키에 늘씬한 몸매를 하고 있는 것이 특징이다. 훤칠한 키의 청년 마사이들이 추는 '전사의 춤'은 우리들이 기억하고 있는 전형적인 마사이 이미지이다.

마사이족은 육류를 주식으로 즐기는 종족이지만 서구인들과는 달리 성인병이 없는 것이 특징이다. 성인병의 지표가 되는 콜레스테롤 수치로 보면 이들은 서구인들의 30%에 지나지 않는다고 한다. 전문가들은 그 원인을 바로 마사이인들의 걷는 생활습관에서 찾고 있다. 마사이족은 지구 상에서 가장 잘 걷는 종족으로 알려져

▲ 유목생활을 하는 탄자니아 마사이족

있는데, 하루 평균 3만 보를 걷는다고 한다. 우리들은 하루에 평균 5,000보, 열심히 운동을 하는 사람도 1만 보를 걷기가 쉽지 않으니, 마사이인들이 얼마나 많이 걷는지를 알 수 있다. 많이 걷는 것 외에도 이들의 걷는 자세는 주목할 만하다. 이들은 시선을 정면에 두고 보폭을 성큼성큼 크게 해서 빠르게 걷는 것이 특징이다. 특히 발바닥 전체를 지면에 닿도록 하면서 걷는데, 이것이 매일 3만 보를 걸어도 우리들처럼 쉽게 지치지 않는 비결이다.

그러나 아프리카에 변화의 바람이 불기 시작하면서 마사이족의 생활양식도 큰 변화를 겪고 있다. 마사이인들이 많이 거주하는 케냐, 탄자니아 정부에서 마사이족의 정착생활을 유도하면서 이들은 정착촌에서 농사를 짓거나 도시에 나가 근로자로 일하여 생계를 꾸려가기도 한다. 그리고 관광객들을 상대로 수공예품을 팔거나 사진 모델이 되어주면서 달러를 버는 이들도 점점 많아지고 있다. 그들도 이제 하루에 1,000보 걷기도 어렵게 된 것이다.

머지않아 마사이족에게도 러닝머신이 필요할지 모르겠다.

나폴레옹과 차이코프스키

Geography

블리자드
원래는 북아메리카에서 겨울에 부는 차가운 북서풍을 가리켰으나, 지금은 일반적으로 강한 눈보라를 동반하는 차가운 강풍, 즉 '폭풍설(暴風雪)'을 뜻한다. 지역에 따라서 달리 부르기도 하는데, 러시아 남부 지방에서는 'bran', 북시베리아 툰드라 지방에서는 'purga', 아르헨티나 팜파스 지방에서는 'Pampero'라고 한다.

    1812년은 나폴레옹에게 있어 씻을 수 없는 수치스러운 해로 역사에 기록되어 있다. 거침없이 러시아로 진군하던 나폴레옹 군대는 그해 겨울 뜻하지 않은 한파를 만났고, 이로 인해 눈물을 머금고 패퇴하지 않으면 안 되었다.

    지구 상에는 여러 지역에서 각각 그 지역의 독특한 바람이 불고, 이들 바람은 우리 인간 생활에 직·간접적으로 영향을 준다. 때에 따라서는 인류의 역사를 바꿔놓기도 한다. 러시아에서는 겨울철에 북쪽에서 남쪽으로 **블리자드**(blizzard)라는 눈보라가 휘몰아친다. 바람이 강하고 많은 눈보라를 동반할 때는 한 치 앞도 보이지 않으며 한 발자국도 나아갈 수가 없다. 나폴레옹은 그해 겨울 지독한 눈보라 블리자드를 만났던 것이다. 나폴레옹 군대는 힘도 제대로 써보지 못하고 발걸음을 돌리지 않을 수 없었다.

    나폴레옹 군대가 1812년 겨울, 블리자드를 만나지 않았다면 프랑스와 러시아는 물론, 세계 역사는 크게 바뀌고 말았을 것이다.

    차이코프스키 작품 중에 「1812년 서곡」이 있다. 다름 아닌 나폴

◀ 러시아 크렘린 궁의 삼위일체 탑: 나폴레옹 군대가 진입했던 문으로 알려져 있으며, 지금은 크렘린 궁을 찾는 관광객들이 엄격한 검색대를 통해 이곳으로 들어온다.

레옹의 패전, 즉 러시아의 대승리를 자축하는 기념곡으로 만들어진, 대포를 쏘는 소리가 펑펑 울려퍼지는 곡이 바로 「1812년 서곡」이다.

진정한 동물의 왕국, 남아프리카공화국

Geography

화폐는 그 나라의 얼굴이다. 화폐의 크기나 모양은 세계 여러 나라들이 비슷하지만 그려진 그림이나 문양은 다양하게 그 나라의 문화를 반영하고 있다. 대부분 나라들의 지폐에는 대표적인 역사적 인물들이 등장하는데 우리나라의 지폐도 여기에 속한다.

그러나 독특한 자연환경을 갖고 있는 나라들에서는 그곳의 생태 지리학적 특징을 잘 보여주는 동물이나 식물들을 지폐 모델로 사용하고 있다.

그중 대표적인 예는 남아프리카공화국의 화폐인 랜드(Rand)이다.

◀ 남아공 화폐 50랜드의 모델이 된 사자(세렝게티)
▶ 탄자니아 화폐 1만 실링과 5,000실링의 모델이 된 기린(세렝게티)

▶ 빅파이브(Rose Ridgen, 2001)

    1랜드는 100센트이며, 우리 화폐로 환산하면 1랜드는 194원 (2001년 7월 현재) 정도이다. 랜드 지폐는 200, 100, 50, 20, 10 등 다섯종류인데, 그 앞면에는 각각 표범, 버펄로, 사자, 코끼리, 코뿔소 등 빅파이브가 모델로 되어있다. 동물의 세계에서는 사자가 동물의 왕이지만 화폐 모델 세계에서는 표범, 버펄로 다음 서열이다. 빅파이브란 아프리카의 생태 관광인 게임 드라이브(Game Drive)에서 가장 인기 있는 이들 다섯 종류의 동물을 말한다. 100랜드와 10랜드의 경우에는 뒷면에도 얼룩말, 양 등의 동물이 그려져 있다.

    탄자니아 화폐에도 야생동물이 등장한다. 탄자니아 실링(Tanzania shilling)은 8종의 지폐로 되어있는데, 이 중 1만 실링, 5,000실링의 앞면 모델은 기린이다. 사자, 코뿔소, 코끼리 등도 엑스트라로 등장한다. 그러나 모든 화폐의 앞면을 야생동물로 그려넣은 것은 남아공의 화폐가 유일할 것이다. 동물의 왕국이라고 할 만하다.

게임드라이브를 즐기는 관광객들: 아프리카 탄자니아 응고롱고로 분화구 ➡

지리학과 환경

제6부 식인들의 섬, 이스터의 비밀

갯벌 살리기와 람사조약

Geography

갯벌에 대한 관심이 근래에 들어와 높아지고 있다. 서해안의 모든 갯벌을 육지로 만들자는 극단적인 주장을 하는 개발론자가 있는가 하면 세계적으로도 희귀한 우리나라 서해안 갯벌을 더 이상 파괴하지 말고 잘 보존하자는 보존론자도 있다. 어쨌든 국토 개발계획에서 서해안의 갯벌은 우리의 큰 관심사가 되고 있다.

우리나라의 경우 전 국토 중 3%가 갯벌인데, 전체 갯벌 중 26%가 그 기능을 상실했으며 현재 진행 중인 곳을 합하면 48%가 사라질 운명에 처해있다. 외국의 경우 간척사업을 오래전부터 중단했으며 미국은 간척지를 다시 갯벌로 복원시키는 작업을 벌이고 있다. 독일은 세계 최대의 갯벌(북해)을 가진 나라로서 1980년대 중반부터 갯벌을 국립공원으로 지정하여 엄격히 관리하고 있다.

갯벌이 관심을 끄는 가장 큰 이유 중 하나는 그 생태적 특징 때문이다. 갯벌은 육지도 아니고 바다도 아닌 독특한 생태계를 형성하고 있는 곳이다. 갯벌의 작용 중 중요한 것은 자연정화 활동으로, 흔히 갯벌을 '자연의 콩팥'이라고 하는 것은 이 때문이다. 갯벌은 하천을 따라 흘러온 육상의 오염 물질을 마지막으로 걸러주는 역할을 하고 있다. 다시 말하면 갯벌이 사라지면 우선 해안 양식장 어패류가 피해를 입고, 장기적으로는 해양 자체가 오염되는 피해를 입는다.

갯벌의 또 하나 중요한 역할은 경제적 가치가 매우 크다는 점이다. 갯벌은 다양한 생물종(種)이 활동하는 곳으로서 연안 생물의 60%가 갯벌 생태계에 의존하고 있는 상황이다. 계화도 간척지에서의 쌀농사 생산량을 1로 했을 때 갯벌 김 양식장의 경제성은 1.5배에 달한다는 연구 결과(서울대 지리학과, 1995년 5월)도 있다. 즉, 갯벌의 간척사업이 더 이상 경제성이 없다는 뜻이다.

람사(RAMSAR)조약은 습지가 갖는 경제·문화·과학적 가치를 인식하고 습지에 서식하는 동식물을 보호하기 위한 국제협약이다. 람사조약에서 정의한 습지에는 갯벌과 늪이 포함된다. 이 조약은 1971년 2월 이란의 도시 람사에서 채택되었고, 2006년 1월 현재 148개

▶ 서해안의 염생습지(인천 영종도)

우리나라 대표 습지 우포 늪

국이 가입하고 있다. 가입국은 자국 내 습지 중 한 개 이상을 선정하여 등록하고 보호 정책을 펴야 한다. 우리나라도 1997년 이 조약에 가입하였고, 강원도 인제군 대암산 용늪과 경남 창녕의 우포늪, 그리고 신안 장도 산지습지를 보호 대상 습지로 등록하였다. 용늪은 울산 정족산의 무제치늪과 함께 우리나라의 대표적인 고층(高層) 습원으로 알려져 있다.

또한, 환경부는 람사조약에 등록한 3곳의 습지를 포함하여 15곳의 습지(내륙습지 10곳, 갯벌 5곳)를 습지보호 지역으로 지정해 놓고 있다.

습지는 생태관광지로서 관심의 대상이 되고 있다. 일본 홋카이도의 구시로 시는 생태관광도시인 습원도시로 유명하다. 시는 불황타개의 수단으로 1987년 구시로 습원을 국립공원으로 개발하였고 습원 박물관을 설치하고 ≪습원신문≫을 발행하는 등 습원도시로서의 면모를 갖추고 있다.

환경오염과의 전쟁

Geography

서울 시내에 오존경보가 내려지는 것을 보면서 우리는 바야흐로 '환경오염과의 전쟁'을 실감하고 있다. 오존(ozone)은 '자극하는'이라는 뜻의 'ozein'에서 비롯된 말이다. 대기가 오존으로 오염되면 이것이 눈과 목을 자극하여 심한 통증을 느끼게 된다. 기관지나 폐 조직이 오존과 반응하면 세포가 손상되고 심하면 죽을 수도 있다. 오존 농도가 높으면 신경계통에도 영향을 주어 두통, 의식불명을 초래하기도 한다.

대기 중 오존 농도가 시간당 0.12ppm 이상이면 오존주의보가 내려지고, 0.3ppm으로 농도가 증가하면 오존경보, 0.5ppm 이상이 되면 중대경보를 발령하게 된다. 주의보가 내려지면 실외 운동경기 자제, 경보가 내려지면 차량통행 금지, 중대경보 시에는 인근 학교 휴교를 권고한다. 물론, 우리나라에서는 강제사항은 아니고 말 그대로 권고만 할 뿐이다. 그러나 아테네의 경우, 오존주의보가 내려지면 바로 차량 2부제를 실시하여 오존배출량을 줄인다.

대기오염 정도를 이야기할 때 오존을 특히 주목하는 것은 대도시의

오존의 두 얼굴

지구 상에서 오존은 같은 물질이라도 존재하는 곳에 따라 작용이 전혀 다르다.

① 대류권에 존재하는 오존: 이는 자동차, 공장 등에서 대기로 방출된 질소산화물, 탄화수소 등이 자외선과 화학반응을 일으켜 만들어진 일종의 대기오염 물질로서 인간에게 해롭다. 오존을 중심으로 한 이들 오염 물질을 보통 광화학 옥시던트(oxidant) 또는 광화학 스모그라고 한다.

② 성층권에 존재하는 오존: 이는 산소 분자(O_2)가 자외선의 공격을 받아 두 개의 산소 원자(O, O)로 분리된 다음 다시 주변 산소 분자와 재결합하여 만들어진 물질로서, 이는 지구로 들어오는 자외선을 차단시켜 지구 생명체가 존재할 수 있도록 해준다.

식인들의 섬, 이스터의 비밀

미터계 보조단위 접두어 ▶

접두사	배율		기호
아토(atto)	1/백경	10^{-18}	a
펨토(femto)	1/천조	10^{-15}	f
피코(pico)	1/조	10^{-12}	p
나노(nano)	1/십억	10^{-9}	n
마이크로(micro)	1/백만	10^{-6}	μ
밀리(milli)	1/천	10^{-3}	m
센티(centi)	1/백	10^{-2}	c
데시(deci)	1/십	10^{-1}	d
	1		
데카(deca)	십	10^{1}	da
헥토(hecto)	백	10^{2}	h
킬로(kilo)	천	10^{3}	k
메가(mega)	백만	10^{6}	M
기가(giga)	십억	10^{9}	G
테라(tera)	조	10^{12}	T
페타(peta)	천조	10^{15}	P
엑사(exa)	백경	10^{18}	E

* 사용례: Mm(메가미터), mg(밀리그램), dℓ (데시리터), ha(헥타르) 등.

대표적인 대기오염 현상인 광화학 스모그의 중심 물질이 오존이기 때문이다. 광화학 스모그란 자동차, 공장, 세탁소 세제(벤젠), 페인트 등에서 나오는 질소산화물과 탄화수소가 대기 중에서 농축되어 있다가 태양광선 중 자외선과 화학반응을 일으켜 2차 오염 물질인 과산화물(산성 물질)을 생성하는 것이다. 이는 오존을 중심으로 한 각종 화합물의 혼합가스이다. 따라서 오존경보가 내려진다는 것은 단순히 오존 함량이 많다는 것이 아니라 각종 광화학 스모그 관련 오염 물질이 많다는 것을 의미하므로, 이를 좀 더 심각하게 받아들이지 않으면 안 된다.

환경문제가 우리 사회의 큰 이슈가 되면서 ppm이라는 말을 자주 접하게 된다. 이는 특정 물질의 농도를 나타내는 단위로서, 현재 농도를 나타내는 단위로 사용되는 것으로는 퍼센트(%), 퍼밀리(‰), ppm, ppb, ppt 등이 있다.

퍼센트는 가장 많이 쓰는 단위인 백분율(1/100)이며, 퍼밀리는 천분율(1/1,000)이다. 퍼센트는 영어로 'per centage'이다. 이는 100이라는 뜻의 라틴어 'centi'에서 비롯됐다. 우리가 보통 미화 1달러의 1/100을 1센트라고 하는 것을 생각하면 이해하기 쉽다. 퍼밀리는 영어로 'per milli'이다. 이는 1,000이라는 의미의 라틴어 'milli'에서 비롯된 것이다. 그리스어에서는 'kilo'가 1,000이라는 의미이다. 우리가 일반적으로 길이의 단위로 쓰는 것이 m, cm, mm 등인데, cm는 1m의 1/100이며 mm는 1m의 1/1,000이다.

무게 단위에서 1g은 1kg의 1/1,000이므로, 1g/kg은 곧 농도 단위로는 1‰가 된다. 그 1g의 1/1,000이 1mg이므로, 결국 1mg/kg은 1/100만이 되고, 이를 농도 단위로 나타낸 것이 ppm(parts per million)이다. 이 ppm의 1/1,000에 해당하는 농도가 ppb(parts per billion)로서 10억분율이며, 또한 ppb의 1/1,000에 해당하는 농도가 ppt(parts per trillion)로서 이는 1조분율이 된다. 보통 수질오염이나 대기오염 등 각종 환경오염 정도를 나타낼 때는 아주 작은 양까지도 정확하게 표현해야 하기 때문에 ppm이나 ppb, 때로는 ppt까지 쓰기도 한다.

21세기의 태풍

Geography

　태풍은 수증기가 응결할 때 방출되는 잠열(潛熱)의 에너지로 중심기압이 내려가고, 중심기압이 내려감으로써 바람의 에너지를 강화시킨다고 하는, 수증기를 연료로 한 일종의 열기관(熱機關)이다.
　그렇다면 태풍은 어떻게 형성되는가?
　우선 대기 하층에서는 '소용돌이' 중심으로 향하여 공기가 이동되어 중심 부근에서 상승기류가 되고, 중심 상층에서는 바깥쪽을 향하여 공기가 이동되어 중심으로부터 먼 곳에서 약한 하강기류가 되는, 하나의 연결된 약한 공기의 순환이 존재한다고 가정한다. 중심 부근에서는 상승기류에 의해 구름이 만들어지고 수증기가 응결될 때 잠열이 공기 중으로 방출된다. 이것이 장시간 지속되면 드디어 대류활동에 의한 열수송(熱輸送)과 잠열 방출 효과가 합쳐져, 중심부에 주변부보다도 기온이 높은 '난기핵(暖氣核, warm core)'이 형성된다.
　지상에서 관측하는 기압이라고 하는 것은 지표면으로부터 위에 있는 공기 전체의 무게이다. 따뜻한 공기는 찬 공기보다도 밀도가

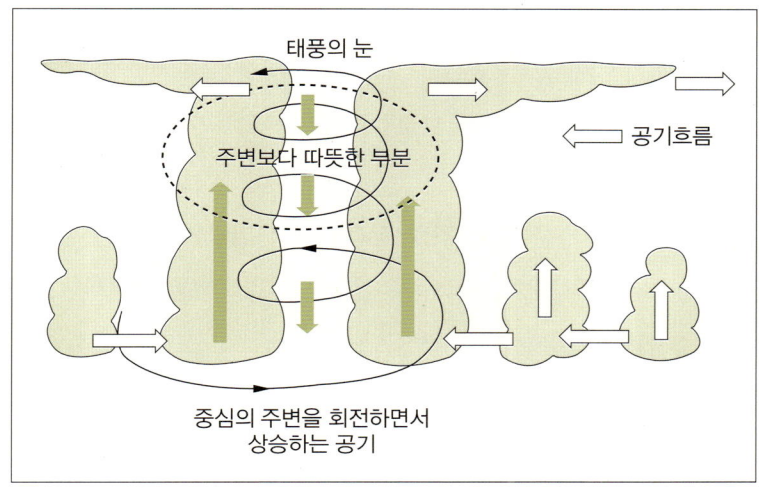

▶ 태풍의 발달과정

낮기 때문에 난기핵이 형성된 중심부의 지상 기압은 주변부보다 내려간다. 저기압이 발생한 것이다.

중심기압이 내려가면 그에 따라 중심의 주위를 회전하는 바람이 강해지고, 대기 하층에서 중심을 향해 부는 바람도 강해진다. 그러면 중심부에 모이는 공기의 양이 많아져 중심부의 상승기류가 강해지고 적란운(積亂雲)이 왕성하게 발생한다. 결국 태풍을 성장시킨다.

태풍의 에너지는 수증기가 응결될 때 나오는 잠열이므로 수증기 공급량에 따라 그 세기가 결정된다. 수증기는 고온다습한 경우에 잘 형성되므로, 결과적으로 태풍이 발달하기 좋은 장소는 열대 해상이다. 열대 해상의 현재 해수면 온도는 섭씨 27~28도 정도인데, 이 조건하에서 발달할 수 있는 최대 태풍 규모는 풍속 초속 80m, 중심기압 880헥토파스칼(hPa)이다. 이 말은 열대해상 조건이 바뀌면 발달 가능한 최대 태풍 규모가 달라진다는 이야기가 된다.

태풍의 세기는 보통 풍속과 중심기압으로 표현한다. 우리가 알고 있듯이 중심기압이 낮을수록 강한 태풍이 된다. 그러면 태풍은 어느 정도까지 강해질 수 있을까? 태풍이 무한정 크게 발달하는 것은 아니다. 태풍은 기상 현상이므로 기상 조건에 따라 그 규모가 결정된다.

현재 지구 환경문제 중 가장 심각한 현상의 하나는 지구온난화 현상이다. 지구의 대기 온도는 온실효과를 일으키는 이산화탄소의 대기 중 함량과 비례한다. 이산화탄소가 지금보다 2배 증가하면 대기 온도는 섭씨 3도 내외로 상승하며, 이로 인해 해수면 온도는 2도 정도 상승하는 것으로 과학자들은 예측하고 있다.

이는 결국 태풍의 최대 강도를 상승시키는 결과를 가져오게 되는데, 연구 결과에 따르면 해수면 온도가 섭씨 2도 정도 상승했을 때의 발달 가능한 태풍의 최대 풍속은 초속 80m에서 100m로, 중심기압은 880hPa에서 800hPa로 내려가며 이로 인한 태풍 파괴력은 1.5배나 커지게 된다. 과학자들은 21세기 초가 되면 이러한 현상이 실제 나타날 것이라고 경고하였다.

산성비와 알칼리비

Geography

산성비의 영향으로 성장이 부진하게 된 나무들은 알루미늄 함유량이 증가되어 있는 것이 특징이다. 또한 산성화로 인해 물고기가 사라지고 있는 호수의 경우, 산성도가 높은 호수일수록 알루미늄 농도가 높고 생물 피해도 상대적으로 큰 것을 발견할 수 있다.

산성화에 따른 피해 중 하나는 유독성 중금속이 물속으로 녹아들어 물고기에게 피해를 주는 것인데, 그중 가장 치명적인 것이 알루미늄이다. 산성비로 인해 물이 산성화 되고 물속에 알루미늄 이온이 증가하면 칼슘에 의해 물고기 아가미 막의 투과성(透過性) 조절 기능에 장애가 나타나게 된다. 아울러 아가미 근육운동의 장애, 호흡장애 등 칼슘과 관련된 조절 기능에 장애가 나타나는 것으로 알려져 있다.

보통 알루미늄은 사람의 소화기관에서는 거의 흡수되지 않기 때문에 건강에는 그다지 영향이 없다. 그러나 신부전 등으로 혈액투석을 하는 환자에게는 알루미늄이 직접 혈액으로 들어가 뇌장애를 일으켜 치명적인 위험을 초래할 수 있다.

산성비 형성 모델

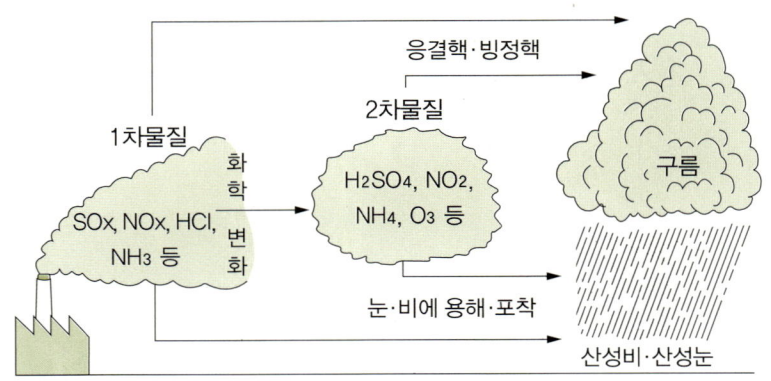

호수, 하천, 지하수가 산성화되면 이와 접촉하는 토양이나 암석 중의 알루미늄이 녹아 나온다. 단, 토양이나 암석 중에 칼슘이나 마그네슘 등이 다량 들어있는 석회암 지역에서는 칼슘이나 마그네슘이 먼저 용출되기 때문에 산성화의 진행이나 알루미늄 용출이 억제된다. 상대적으로 비석회질 암석인 화강암 지역 등지에서는 산성화가 빠르고 알루미늄이 쉽게 녹아 나온다.

우리는 보통 전자를 경수(硬水) 또는 센물, 후자를 연수(軟水) 또는 단물이라고 한다. 칼슘과 마그네슘이 많은 경수인 경우는 물속의 칼슘 성분이 비누 성분과 결합하여 물에 녹지 않는 성분으로 바뀌기 때문에 거품이 잘 일어나지 않는다. 따라서 세탁, 염색, 표백은 물론, 음료수로도 적당하지 않다. 이와 관련해 국토의 대부분이 석회암으로 되어있는 중국에서는 차를 끓여 마시는 전통이 생겼고, 화강암 지역인 우리나라에서는 물맛이 좋아 약수라고 부르는 천연수를 즐기게 되었다.

물에 용해된 산의 양이 그대로 산성도를 나타내는 것은 아니다. 물속에 중화작용을 하는 알칼리 물질이 함유되어 있으면 산은 약화되기 때문이다. 화성암이나 변성암은 풍화 속도가 느리기 때문에 이들 암석으로 이루어진 지역은 알칼리 성분 공급이 불충분하다. 그러므로 이러한 곳에 존재하는 물은 산에 대한 완충 능력이 작고 호수는 쉽게 산성화된다. 그러나 주변이 석회암이나 퇴적암으로 된 경우, 암석은 풍화되기 쉽고 물속에는 알칼리 성분이 풍부하게 용해되어 있어 하천이나 호수는 쉽게 산성화되지 않는다.

산성화에 대해 가장 큰 완충 능력을 가지고 있는 곳은 석회암 지역으로서 실제로 시멘트 공장 주변에서는 '알칼리비'가 내리는 것을 관찰할 수 있다. 산성화된 토양에 석회를 뿌려 중화시키는 것은 이러한 원리를 이용한 것이다.

방귀세를 내는 나라 에스토니아

Geography

염화불화탄소(CFC)
일반적으로는 프레온 가스로 알려져 있으나 프레온 가스는 하나의 상품명이고 정식 명칭은 염화불화탄소이다.

    1997년 12월 1일부터 11일까지 일본 교토(京都)에서는 '기후변화협약 제3차 당사국총회'가 열렸다. 이 회의에서는 미국 등 38개 선진국들의 온실가스 배출량을 2008년부터 2012년까지 90년 대비 평균 5.2%씩 감축하고 우리나라를 포함하여 개발도상국은 제외한다는 내용의 '교토 의정서'를 채택하였다. 그리고 2005년 2월 16일 공식적으로 발효되었다.

    이 의정서에서 감축 대상으로 정한 것은 이산화탄소, 메탄, 아산화질소, **염화불화탄소(CFC)**, 수불화탄소, 불화유황 등 6가지이다.

    온실효과 가스 중 가장 관심을 끄는 것은 물론 이산화탄소이다. 화석 연료의 사용이 급증하면서 대기 중 이산화탄소의 함량이 증가하고 있고, 이로 인해 전 지구적인 온실효과가 나타나기 때문이다. 따라서 유엔을 중심으로 이산화탄소의 방출을 규제하는 여러 방안이 국제적으로 모색되고 있다.

    그러나 실제로 온실효과 면에서 보면 이산화탄소보다 훨씬 심각한 물질이 메탄, 아산화질소, 염화불화탄소 등이다.

이산화탄소에 의한 온실효과를 1로 했을 때, 메탄은 10~20배, 아산화질소는 100배, 염화불화탄소는 1만 배에 달한다. 그러나 전 지구적으로 보았을 때 절대량에서 메탄 등 다른 물질은 이산화탄소보다 적기 때문에 큰 관심을 끌지 못할 뿐이다.

그러나 최근에 와서는 이산화탄소 외의 물질도 급격히 증대되고 있어 많은 과학자들의 관심 대상이 되고 있다. 롤런드(F. Sherwood Rowland) 교수는 마리오 몰리나(Mario J. Molina) 박사, 파울 크뤼첸(Paul J. Crutzen) 박사와 함께, 염화불화탄소가 성층권 오존층을 파괴해 심각한 환경문제를 일으킨다는 사실을 밝힌 공로로 1995년 노벨화학상을 수상하였다. 그는 "지구 상의 메탄은 1978년 이후 1990년대 초까지 무려 15%나 증가해 이산화탄소와 함께 지구온난화의 주원인이 되고 있다"라고 경고했다. 그는 또한 지난 5년 동안의 관찰 결과, 한반도의 오존층은 겨울과 봄에는 오존층의 10%, 여름과 가을에는 5% 정도 구멍이 뚫리는 것으로 밝혀냈다.

메탄의 주요 발생 원인은 경지(논) 증대, 가축 수 증가, 삼림파괴 등이라고 한다. 최근 뉴질랜드의 핵과학연구소가 발표한 바에 따르면 대기 중 메탄의 32%는 화석 연료의 연소와 관련이 있는 것으로 나타났다.

메탄이 온실효과의 또 다른 주범이라는 사실이 알려지면서 가축에 의한 메탄 발생에 관심이 쏟아지고 있고, 결국 소의 트림과 방귀를 줄이려는 희한한 일까지 벌어지고 있다. 학자들은 방귀보다 호흡과 트림이 더 문제인 것으로 추측하기도 한다. 소 한 마리가 연간 배출하는 메탄의 양은 40~50kg으로서, 이 분량의 온실효과는 연간 2만 km를 주행하는 휘발유 승용차가 내뿜는 이산화탄소의 75%

온실효과

대기의 적외선 복사에 의해 지표면이 더워지는 효과이다. 지표면에 도달했다가 복사되어 되돌아가는 태양의 열에너지가 지구 대기에 갇히게 되어 지표면 온도를 올라가게 한다. 마치 온실 속에 갇힌 공기가 더워지는 것과 같다는 의미에서 온실효과라는 이름이 붙여졌다. 지구 대기가 이러한 온실 역할을 하는 것은 대기 속에 이산화탄소, 메탄 등의 가스 성분이 들어있기 때문이다. 따라서 대기 중에 이들 가스 성분이 늘어나면 온실효과는 커지게 되어 지구 평균 기온은 높아지고, 반대로 이들 성분이 줄면 기온은 내려간다.

에 해당된다는 연구결과가 나왔기 때문이다. 우리나라의 경우 2001년 기준, 전체 온실가스 중 0.4%는 소나 염소 등 되새김질하는 동물이 뿜어낸 것으로 추정하고 있는데, 2004년 말 현재 사육 소는 216만 6,000두로 알려져 있다. 정부에서는 이들 동물에 의한 온실효과를 줄이기 위해 특별 프로젝트를 기획하고 있다. 즉, 소의 트림과 방귀 양을 측정하고 줄이는 방법을 찾는 것이다. 농촌진흥청에서는 가축생산성을 떨어뜨리지 않으면서 메탄 발생량을 줄이는 사료나 미생물을 개발할 계획이다. 가축으로부터 방출되는 메탄 가스가 주목받는 가운데 이를 규제하기 위한 방편으로 '방귀세'를 도입하려는 움직임이 곳곳에서 일고 있다. 에스토니아는 이미 2009년 세계 최초로 방귀세를 신설하여 세계의 주목을 받았다. 이 나라는 소가 트림이나 방귀로 내뿜는 메탄 가스가 나라 전체 메탄 가스 배출량의 25%를 차지하는 것으로 알려져 있다. 결국 소를 키우는 농가에 환경오염에 대한 책임을 물어 기상천외한 방귀세를 물리게 된 것이다. 이에 앞서 뉴질랜드에서도 방귀세를 부과하려다 축산농가의 반발로 무산된 바 있고 덴마크도 방귀세 부과를 검토하고 있다.

전 지구적으로는 이산화탄소의 방출량을 줄이는 것이 무엇보다 중요하다. 그렇지만 국토가 좁고, 최근 산업근대화에 따라 대량의 각종 오염 물질을 방출하는 중국과 바로 이웃해 있는 우리나라의 경우에는 이들 메탄과 같은 온실효과 물질에도 많은 관심을 기울여야 한다.

1992년 10월 6일 측정한 자료에 따르면 우리나라 대기 중의 메탄 농도가 세계에서 가장 높은 것으로 나타났다. 당시 세계 평균은 1,660ppb(1ppb=1/10억)였으나, 우리나라 태안반도 상공에서는

1,823ppb로 나타났다. 이렇게 태안반도 상공의 메탄가스양이 많은 원인은 중국 동부지역에서 발생한 다량의 메탄이 편서풍을 타고 황해를 건너 우리나라로 유입되고 있기 때문인 것으로 과학자들은 보고 있다.

2004년 말에는 오호츠크 해 수심 800m의 해저에서 다량의 메탄가스가 300~600m 높이로 마치 분수처럼 솟는 것을 발견하여 에너지 전문가들의 관심을 끌고 있다. 현재 밝혀진 매장량만으로도 우리나라에서 25년 동안 쓸 수 있기 때문이다. 에너지로 개발하는 데 어려움도 많지만, 미래 대체 에너지로서 경제성이 있다고 판단하고 있는 것이다. 그러나 반대로 환경전문가들은 다른 차원에서 큰 관심을 기울이고 있다. 메탄가스 분출은 해저에 매장된 얼음 상태의 고체 메탄으로부터 나오는 것으로 밝혀졌는데, 다량 분출되는 메탄가스 대부분은 물에 녹지 않고 대기 중으로 들어가 엄청난 온실효과를 일으킬 수 있다는 점 때문이다. $1m^3$의 고체 메탄에서는 $164m^3$의 메탄가스가 만들어진다고 한다.

어쨌든 이제 기후온난화 문제에서 메탄이 새로운 골칫거리로 떠오르고 있는 것만은 틀림없다.

식인들의 섬, 이스터의 비밀

Geography

　남미 칠레 해안에서 3,000km 떨어진 외딴 바다 한가운데 화산섬 이스터가 있다. 면적 120km²로 작은 섬이지만 거대한 모아이 석상으로 유명한 곳이다. 석상의 규모는 큰 것은 높이 20m, 무게 90톤에 이르며 섬 곳곳에서 1,000개 이상이 발견되었다.

　5세기경 이 섬에 들어온 폴리네시아인들은 8세기경부터 모아이 석상을 본격적으로 만든 것으로 알려져 있다. 그러나 17세기경 이 모아이 문명은 홀연히 사라지고 말았는데, 그 결정적 요인은 '삼림 파괴'였던 것으로 보고 있다.

　이스터 섬은 폴리네시아계 사람들이 개척하기 전까지는 울창한 삼림지대였던 곳으로 큰 나무는 지름이 2m나 되기도 했다. 화분분석 결과 1,300년 전(7세기경)부터 이 섬의 울창한 삼림은 점차 축소되었고, 그 대신 초본류가 증가한 것으로 밝혀졌다. 개척민들이 삼림을 불태워 농경지를 만들기 시작하였기 때문이다.

　초기에 삼림파괴는 해발 100m 이하의 해안지역에 국한되었지만, 1,000년 전부터는 대규모로 삼림파괴가 진행되었다. 그때까지는 마을이나 농경지는 해발 100m 이하의 해안지역에 국한되었으나, 이 시대 이후에는 해발 400m 이상의 산 정상 부근까지 확대되었다. 이러한 대규모 삼림파괴를 조장한 것은 급격한 인구증가였다.

17세기에는 이 작은 섬에 6,000~8,000명이 살았고, 많은 때는 1만 명이 살았던 것으로 추정된다. 섬 사람들의 생활을 지탱해 준 것은 풍부한 토양을 배경으로 한 농업과 어업이었다. 사람들은 조상신(祖上神)인 모아이를 '라노라라크'의 채석장에서 만들어 10km 이상 떨어진 해안까지 운반하여 세웠다. 모아이를 운반하고 세우는 데도 나무는 필수적이었고, 섬의 응회암(tuff)에는 나무 기둥을 세웠던 흔적으로 보이는 직경 50cm 규모의 기둥 구멍이 뚜렷하게 남아 있다. 그러나 이렇듯 번영을 누리던 모아이 문명은 섬 인구가 1만 명에 달하였던 17세기경 돌연히 붕괴되고 만다. 인구증가와 삼림파괴에 의해 토양침식이 가속화되고 토지가 척박해져, 주식인 바나나와 얌 등의 수확량이 크게 감소한 것이 주원인이었다.

목재의 부족으로 연료를 구하기 어려워졌고 배를 만들 수 없게 되자 어업은 크게 쇠퇴하고 말았다. 모아이를 운반해다 세우는 것도 어렵게 되었다. 그리고 17세기는 제1소빙기의 한랭기에 해당하여, 바다의 물고기도 줄었고 멀리 떨어져 있는 섬으로부터 식량을 들여오기도 쉽지 않았다. 섬으로부터 탈출하기도 어려웠다. 섬 생태계의 인구 부양력을 초과한 인구증가로 섬 사람들은 식량위기에 직면하였다. 결국 식량을 얻기 위한 부족 간의 전투가 빈번해졌고 타 부족의 조상신인 모아이는 점점 쓰러져 갔다. '모아이 쓰러트리기 전쟁'이었다. 그러나 이 식량위기가 발단이 된 전쟁에 승자는 없었다. 최후에 사람들은 서로를 잡아먹는 지경에 이르렀고 지금도 이스터 섬

응회암
화산이 폭발할 때 분출한 물질 중 2~4mm 크기의 작은 파편들이 쌓여 만들어진 퇴적암이다. 건축토목용 석재로 많이 이용된다.

에는 '식인 동굴'로 불리는 동굴이 남아있다. 전 지구적 환경파괴, 인구증가, 자원 고갈 문제에 직면하고 있는 우리의 푸른 행성 지구가 먼 훗날에 '식인들이 살았던 행성'으로 기록되지는 않을까?

동북 타이의 소금

Geography

    동북(東北) 타이의 동쪽에는 메콩 강이 있고 남서쪽으로는 산맥이 둘러싸고 있다. 이곳은 아주 오래전에 존재한 바다의 바닥이었던 곳으로서 지하에는 소금을 포함한 암석층과 그 아래에는 순수한 소금 결정체인 암염층이 있다.

    이와 같은 지질학적 이유 때문에 동북 타이의 지하수는 소금을 포함하고 있고, 곳에 따라서는 지표면을 하얗게 소금이 덮고 있어 작물이 피해를 입는 것은 물론, 초본도 자랄 수 없는 불모지로 변해 버린 경우가 많다.

    현재 이러한 염해(鹽害)를 입은 지역은 동북 타이 전체의 17%에 달하여 농업적 측면에서 특히 심각한 문제이다. 그러나 한편으로는 지표면의 소금을 모아 독특한 전통 방식으로 소금을 정제하여 생계를 유지하는 사람이 있는가 하면, 지하 수십 미터에서 펌프를 이용하여 염수를 끌어올려 대규모로 제염업을 하는 회사도 있다.

    지금부터 50여 년 전 동북 타이의 대부분이 녹지대였을 때에는 염해 지역은 극히 일부에 지나지 않았다. 그러나 그 후 라오스, 베트남 등 주변 지역에서 인구가 유입되어 인구가 급증하고, 농경지를 개간하기 위해 삼림이 급속도로 벌채된 현재는 동북 타이 전 면적의 15%만이 삼림으로 남아있다.

동북 타이의 염해는 사실상 이러한 삼림파괴와 밀접한 관련이 있다고 한다. 즉, 삼림파괴가 도화선이 되어 지하수위가 지표면 부근까지 상승하고, 지하수 중의 소금이 모관상승(毛管上昇)에 의해 지표면으로 올라와 염해를 일으키는 것이다. 삼림파괴와 염해의 관계, 삼림의 재생에 의한 염해의 경감, 염해 지역의 축소 등에 대해 많은 연구가 진행되고 있다.

한국의 전통지리

제7부 명당수 청계천

지관과 풍수사

Geography

　지관(地官)이 하는 일은 풍수사상에 기초하여 묏자리를 잡고 시신을 잘 안치하는 것이다. 그러나 지관은 풍수에 능한 사람이므로 사실 풍수사라고 하는 것이 더 옳다. 모든 일에서 그 일에 능한 자를 부를 때 그 말 뒤에 '~사', '~가'라고 칭하지 않는가? 교사, 기사, 비행사, 항해사 등이 모두 그렇다.

　우리나라에서는 예로부터 풍수전문가를 풍수사, 지사(地師), 지관이라 불렀다. 글자 뜻 그대로 풍수사는 풍수설에 능통한 선생, 지사는 지리에 뛰어난 선생이라는 의미이다. 지관은 왕가의 능을 만들 때 임명된 일종의 임시직 벼슬이었다. 그러나 한번 지관에 임명된 풍수사는 그 능력을 보증받는 셈이 되므로 그 직을 떠나서도 지관이라는 직명은 그대로 사용되었고, 결국 지관은 '위대한 풍수사'로 통하게 되었으며, 나중에는 지관에 임명된 적이 없어도 풍수사의 경칭으로 지관이라고 부른 것이다.

　지사는 곧 지리에 뛰어난 사람이므로 지금으로 말하면 지리학자인 셈이다. 지리학은 곧 땅의 이치를 잘 파악하는 학문이므로 지리학을 잘 공부한다는 것은 달리 말하면 풍수를 잘 이해한다는 뜻도 된다. 그런데 요즈음은 풍수가 크게 잘못 쓰이고 있는 면도 보인다.

풍수를 보는 입장은 크게 두 가지이다. 한 가지는 자연과학이나 지리학적 입장에서 합리적·과학적 요소를 인정하고 전통적 지식체계로 취급하는 것이고, 또 한 가지는 자연현상을 신앙적으로 보는 것이다. 그러면 진정한 의미에서 풍수는 무엇인가? 이에 대해 많은 학자들이 풍수를 정의하고 있지만, 결론은 풍수는 과학도 아니고 미신도 아니며 두 요소를 함께 갖는다는 것이다.

지리적으로 보면 풍수는 전통지리학이며 동양적인 생활과학이자 경험과학이라고 할 수 있다. 풍수라는 말이 사용되지는 않았더라도 풍수사상은 선사시대부터 우리 생활 속에 배어있었다. 당시 주거의 입지 조건을 보면 이를 쉽게 이해할 수 있다. 겨울철 북서계절풍을 막아주는 산세, 물을 쉽게 얻을 수 있는 산 아래 물길, 따뜻한 남향 조건이 필요했던 것은 물론이고, 토양은 농경에서 필수적이었으며, 너무 깊은 산은 적절하지 않았다. 흐르는 개울물보다 지하수가 식수로 더 적당하기 때문에 그와 관련된 기술도 점차 늘어갔다. 그뿐만 아니라 산의 배치나 형세에 따라서는 남향만이 최상의 방위조건도 아님을 깨닫게 되었다. 이들은 모두 일종의 경험과학인 것이다.

중국의 풍수설이 도입된 것은 신라 말엽이다. 이론적 체계를 갖춘 중국의 풍수설이 들어오면서 한국 풍수는 형이상학적인 중국 철학의 개념을 받아들여 더욱 복잡하고 난해한 논리구조를 갖게 되면서 신앙적·미신적 요소가 두드러지게 되었다.

홍콩 디즈니랜드의 풍수지리

Geography

건설 붐이 일고 있는 중국에서는 '사람과 건물, 자연의 조화'를 꾀하는 '건물 풍수'가 호황을 누리고 있다. 채광과 통풍, 공간 이용, 색조 배합을 적절히 할 경우 심리적 안정감을 주어 건강과 업무능률을 향상시킨다는 이야기이다. 건물을 보러 오는 사람들 중 절반 이상이 풍수를 따져 지리고문의 자문을 받고 있는데, '지리고문(地理顧問)'으로 불리는 풍수가(風水家)들은 건물 $1m^2$당 100위안(1만 3,000원) 정도의 적지 않은 수수료를 받는다. 홍콩과 대만에서는 심한 경우 건축비용의 50%가 지리고문 비용으로 나가는 것으로 알려져 있다. 상하이 푸둥의 한 건축물은 지리고문 비용으로 5,000만 위안이 지급되었다고 한다.

2005년 9월에 문을 여는 홍콩 디즈니랜드에도 풍수가 대폭 도입되었다고 하여 화제이다. 홍콩 란타우 섬에 세워진 디즈니랜드는 세계에서는 열한 번째, 아시아에서는 도쿄 다음인 두 번째 테마파크이다. 1992년 파리 부근에 세운 유로 디즈니가 어려움을 겪었던 것은, 유럽 문화를 제대로 접목시키지 못했던 데 이유가 있다고 판단한 회사 측은, 이번 홍콩 디즈니랜드에 적극적으로 동양 문화인 풍수를 도입했다는 것이다. 공원 내 건물이 하나씩 세워질 때마다 고사를 지냈고, 정문의 보도는 곡선으로 만들어 기가 중국해 쪽으로 새어나가지 못하도록 하였다. 결혼식장의 규모도 행운의 숫자 8을 넣어 888m^{2}로 정하였다. 식당 바닥에는 유리판 밑에 연못을 만들어 나무, 흙, 금속, 불 등의 풍수 요소들과 조화를 이루도록 했다고 한다.

풍수지리가 미국에서도 인기다. ≪워싱턴 포스트≫의 보도에 따르면 워싱턴의 주택개발 회사인 NV홈스사는 아시아계 고객을 겨냥하여, 풍수 전문가를 정식 직원으로 채용했다. 부동산 갑부인 도널드 트럼프도 최근 뉴욕 맨해튼 리버사이드 지역 개발 때 풍수 전문가에게 자문을 구했고, 미국 부동산업자협회(NAR)는 매년 풍수지리설에 대한 특별 세미나를 열고 있다.

이같이 아시아계 고객을 겨냥해 풍수지리를 경쟁적으로 도입하는 기업이 늘고 있는 가운데 미국인들도 풍수를 주거생활의 '규범'으로 삼는 경우가 많아지고 있다. 특히 아시아계 미국인들은 풍수를 미신이 아닌 민간 생활철학으로 받아들이고 있고, 이들은 집을 구할 때나 가구를 배치할 때 풍수를 보며 이로 인해 풍수 전문가들이 호황을 누리고 있다. 현재 미국에서 풍수 전문가의 자문에 들이는 1회 비용은 약 38만 원 정도라고 한다.

뉴욕의 풍수 전문가 편 림은 클린턴 전 미국 대통령이 각종 스캔들에 시달렸던 이유는 백악관 집무실의 배치가 잘못되었기 때문이라고 지적하기도 했다. 그는 집무실의 기(氣)가 '뜨겁고 불안정'하며 클린턴의 목(木)의 기운과 더하면서 잦은 스캔들이 생기는 것이라고 주장하고, 가장 좋은 대안은 이사하는 것이지만 그럴 수 없다면 원형인 집무실을 장방형으로 바꾸든가 사무실 내의 실내 배치와 장식을 바꿀 것을 권고한 바 있다. 펀 림의 제안에는 집무 책상을 떠오르는 태양과 마주보게 할 것, 소파 천을 검은색으로 바꿔 물의 기운을 돋울 것, 남쪽에 불의 기운이 강하니 작은 분수를 만들어 그 기운을 줄일 것 등이 들어있다.

영국에서도 기업들 사이에 풍수지리 붐이 일고 있다. 영국 기업들 사이에 풍수지리설이 유행하는 것은 동양권인 홍콩과의 밀접한 관계 때문이다. 이들의 풍수 개념은 한마디로 사무실 배치 등을 통해 자연의 기를 흡수하여 사원들의 능률 향상을 꾀하고자 하는 것이다. 실천적 방법으로 잉어 어항과 활엽수 화분을 사무실에 둔다든지, 행운의 색깔인 붉은색과 검은색 카펫을 깔며 간부들에게는 가급적 적·흑·녹색의 옷을 입도록 권장하고 있다.

이러한 영국 기업의 풍수 선호에 따라 런던 시내에는 '풍수지리 자문'을 해주는 전문가가 등장하여 큰 재미를 보고 있다고 한다. 보통 하루 풍수지리 상담료로 약 300만 원을 받고, 특정 건물에 기가 항상 모이도록 해주는 경우에는 약 6,000만 원까지 받는다고 한다.

우리나라의 경우 아직 풍수지리를 일종의 미신으로 간주하는 경향이 있지만 엄밀히 말하자면 풍수의 대상은 현대지리학의 관심분야와 일치하는 것이다. 다만 풍수를 제대로 공부하지 못한 소위 '반(半)풍수'들이 설치며 학문으로서의 풍수에 먹칠을 할 뿐만 아니라 미신에 불과하다는 인식만을 심어주고 있는 경우가 많다.

미국이나 영국의 풍수 유행도 바람직하지 않은 '반풍수'를 양산하지 않도록 제대로 공부한 우리의 풍수 전문가를 '파견'할 필요가 있지 않을까?

양택풍수, 음택풍수

Geography

　인간이 지표(地表)를 점유하여 생활해 온 이래 지리학적 사고(geographical thinking)를 하지 않고 살아온 종족은 없다. 인류 출현 이래 인간은 그들 거주 지역의 풍토에 적응하여 살아가는 과정에서 나름대로의 지리적 사고(思考)를 성숙·발전시켜 독특한 논리체계를 갖추게 되었다. 그리고 그러한 논리체계는 풍토의 특성에 따라 극히 다양한 지역 차를 보인다. 이를 지리학에서는 지역성이라고 한다. 풍수사상은 이와 같은 지리적 사고가 발전된 특정한 논리체계이다.
　우리나라에 언제 중국의 풍수사상이 들어왔는지는 분명하지 않다. 통일신라 이후 당과의 문화교류가 활발했을 때쯤으로 추측할 뿐이다. 우리나라에 도입된 중국의 풍수설에는 살아있는 사람이 살 집터를 선택하는 양택풍수(陽宅風水)와 죽은 자가 누울 곳을 찾는 음택풍수(陰宅風水), 두 가지가 포함되어 있었다. 동양 고대과학의 한 특성인 신비적 요소를 뺀다면 천문학이나 인문지리학 성격이 강한 것이 바로 초기의 풍수였다. 실제로 초기의 풍수사(현재 지관으로 불리고 있는 풍수 전문가)들은 위도 측량, 지세에 따른 지역의 자연환경

서울 풍수 개념도

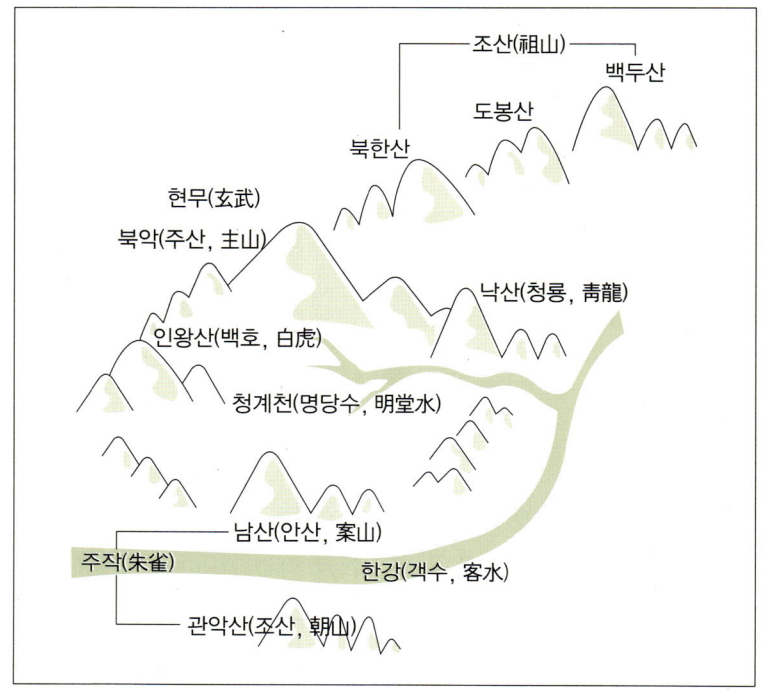

관찰 등 극히 과학적 사고방식을 갖추고 있었다.

그러나 우리나라에 도입된 풍수설은 그 뒤 정치적으로 이용되고 속신(俗信)과 부합되는 과정에서 음택풍수를 중심으로 크게 변질되었다. 특히 조선조에 와서는 유신(儒臣)들 사이에서 풍수배척론이 제기되는 중에도 풍수설은 민간신앙화되면서 장묘(葬墓)에 치우친 술법(術法)으로 전락하였다. 이러한 폐단은 지금까지 이어져 현재도 '풍수=묏자리 찾기'로 잘못 인식되기에 이르렀다.

풍수의 본질은 '자연과 인간의 조화로운 삶을 추구하고자 하는 지혜'를 구하는 것이다. 이는 우리의 전통지리학적 사고이며 현대지리학이 추구하는 바이기도 한 것이다. 이중환(李重煥)의 『택리지』에

◐ 낙산에서 바라본 북악산과 인왕산

는 살 곳을 택하는 「복거총론(卜居總論)」이 있는데, 여기에서 그는 살 곳을 택할 때 우선 지리를 살펴보아야 한다고 했다.

집자리든 묏자리든, 겨울철에 찬 바람을 적당히 막아주는 산을 뒤로 하고, 햇볕 잘 들고 물 잘 빠지는 곳, 그리고 앞쪽으로는 적당히 트여있어 주변 경치를 감상하기에 좋고, 혹시 나쁜 마음을 먹고 접근하는 외부인의 동태를 살피기에 좋은 곳, 여기에다 물 얻고 멱 감을 수 있는 작은 개울이라도 앞쪽으로 휘돌아 흐른다면 바로 이곳이 명당이요, 곧 파라다이스가 아니고 무엇이겠는가.

낙산공원과 흥인지문

Geography

팔괘
고대 중국인들이 사용하던 여덟 가지 괘. 건(乾), 태(兌), 이(離), 진(震), 손(巽), 감(坎), 간(艮), 곤(坤)을 말한다.

한양을 신도로 건설할 때 도성은 천지를 팔방으로 나타내어 8문(4대문, 4소문)을 만들었는데, 이들은 역법의 **팔괘**(八卦)를 모방한 것이다. 태극기의 사방은 동서남북을 가리키며, 이는 인의예지(仁義禮智)를 뜻한다. 그리고 태극은 중앙이며 신(信)을 의미한다. 이들 방위의 개념을 지명에 반영한 것이 바로 한양의 4대문으로서 동대문을 흥인문(興仁門), 서대문을 돈의문(敦義門), 남대문을 숭례문(崇禮門), 북문을 홍지문(弘智門)이라 했다. 그리고 그 중심에 있는 것이 시간을 알리는 보신각(普信閣)이다. 동대문, 즉 흥인문에서 '인(仁)'은 오행(五行: 金水木火土)에서 목(木)에 해당하고, 목은 동(東)에 해당하므로 흥인은 곧 동방이라는 뜻이다.

임진왜란 후 조정에서는, 서울이 왜군들에게 쉽게 함락된 것은 풍수론에서 청룡에 해당하는 낙산(駱山)의 산세가 낮고 허술했기 때문이라고 판단하였다. 따라서 그 허점을 보완하기 위해 실제로는 산을 높게 만들어야 하지만, 이는 사실상 불가능하므로 「흥인문」에 '지(之)'라는 글자를 넣어 사용함으로써 이를 대신하고자 하였다. '지

◆ 대학로 뒤편에 조성된 서울의 새로운 명소 낙산공원

(之)' 또는 '현(玄)' 자는 풍수에서 용이 걸어오는 모습, 즉 산맥의 모양을 나타내기 때문이다.

서울의 동쪽에 위치한 낙산은 해발 125m 정도의 낮은 산으로서 대학로 뒤쪽 이대 부속병원, 즉 흥인지문(동대문) 근처에 와서는 슬그머니 그 자취를 감추고 만다. 그 모양이 낙타의 등처럼 생겼다고 해서 낙타산이라고도 불린다. 예로부터 소나무 숲이 우거지고 맑은 계곡물이 흘러 많은 시인 묵객들이 즐겨 찾던 명승지였고, 조선 왕조가 한양에 도읍을 정할 때는, 풍수지리적으로 '우백호'인 인왕산에 대응되는 '좌청룡'으로서 큰 의미를 지니게 되었다. 1940년에는 낙산 일대 16만 7,000여 평이 '낙산 근린공원'으로 지정되기도 했으나 그 이후 경제개발 논리에 밀려 무허가 주택과 아파트가 들어서면서 대부분 훼손되어 그 본래 모습을 찾기 어렵게 되었다. 그러다 서울특별시의 '남산 제모습찾기'에 뒤이은 '낙산 제모습찾기' 계획에 의해 2002년 그 본래의 모습을 어렵게 복원하고 서울 시민공원인 '낙산공원'으로 다시 태어나 서울의 새로운 명소가 되었다.

◘ 새롭게 단장하여 시민들이 즐겨 찾는 숭례문
◘ 풍수지리를 고려한 숭례문의 문액: 다른 문들과는 달리 종액에 종서 되어 있다.

남대문은 숭례문(崇禮門)이라고 한다. '예(禮)'라는 글자는 오행에서 화(火)이고, 오방(五方: 동·서·남·북과 중앙)의 남방이므로 곧 남쪽을 나타낸다. 남대문을 지나본 사람들은 보았겠지만 특이한 것은 그 문액(門額)이 다른 문과는 달리 종액(縱額)에 종서(縱書)라는 점이다. 숭례 두 글자는 화(火)의 염상(炎上)을 상징하는 것이다. 당시에는, 경복궁의 남쪽에 자리한 관악산은 풍수상 화산(火山)이므로 그 불기운 때문에 경복궁에 불이 자주 난다고 보고 이를 막기 위해 풍수사상을 이용한 것이다. 숭례를 종서로 쓰면 숭이 불(火)에 해당하는 예(禮)를 내리누르는 형상이 되는 것이다.

경복궁에는 4개의 큰 문이 있다. 1399년 경복궁을 세우면서 주위에 성을 쌓고 동서남북에 각각 건춘문, 영추문, 광화문, 신무문을 만들었다. 광화문은 경복궁의 남문이면서 정문으로서 '태평성대' 또는 '임금의 큰 덕이 전국 백성에 미친다'는 뜻의 '덕화(德化)'의 의미를 지니고 있다.

그 광화문의 앞을 지키고 있는 석수(石獸), 즉 '해태'의 눈빛을 본 적이 있는가? 해태가 쏘아보고 있는 방향은 역시 관악산이다. 해태

는 상상의 짐승으로서 경복궁 앞에 이를 세워둠으로써 관악산의 불 기운을 막을 수 있다고 믿어 대원군이 경복궁을 수리할 때 설치해 놓았다.

◀ 흥인지문: 가장 풍수지리적인 문으로서 서울 성곽의 다른 문과는 달리 옹성이 있는 것이 특징이다.
▶ 광화문 앞의 해태 상 가깝게는 남대문, 멀게는 관악산을 바라보고 있다.

명당수 청계천

Geography

청계천과 개천
천도 직후 한성부 안을 흐르던 천류(川流)는 단지 천거(川渠)라 했으며, 태종 12년(1412)에 천거를 굴착(掘鑿)한 후 개천(開川)이라 부르게 되었다. 그러나 '개천'은 고유명사는 아니며 배수가 잘 되도록 어느 정도 인공을 가한 소하천을 가리키는 보통명사이다. 도랑보다는 규모가 큰 것을 이른다.

서울은 우리나라를 대표하는 현대적 도시이자 국제적인 도시이지만 그 뿌리는 조선의 한양에 두고 있다. 따라서 서울을 제대로 알려면 풍수를 알아야 한다.

조선 시대 한성부의 도성 지역은 한강 북쪽의 중앙에 위치한 곳으로서 북쪽의 북악산, 동쪽의 낙산, 남쪽의 남산, 서쪽의 인왕산으로 둘러싸인 약 $16.5km^2$의 분지에 자리 잡았다. 이들 산지로부터 작은 개울들이 분지 중앙으로 흘러들고 이들이 합쳐져 **청계천**이 되어 서쪽에서 동쪽으로 흐르고 있다.

한강이 동쪽에서 서쪽으로 흐르는 데 반해 청계천이 그 반대 방향으로 흐르는 것은 이 분지 지역의 서남쪽 남대문 일대에 구릉이 존재하기 때문이다. 이 구릉은 낮기는 하지만 남서사면의 용산·서대문 방면과 북동사면의 종로·을지로 방면을 나누는 분수령이 된다.

서울은 풍수지리설 입장에서 보면 거의 완벽한 명당 자리이다. 풍수에서 중심이 되는 곳은 소위 혈(穴)과 명당(明堂)이며 그 뒤쪽에는 주산(主山), 좌우로는 청룡과 백호, 앞쪽으로는 안산(案山)과 조산(朝山), 그리고 객수(客水)와 명당수(明堂水)가 자리하게 된다. 한양의 입장에서 보면 임금이 거처하던 경복궁은 혈에 해당된다. 경복궁을 중심으로 했을 때 뒷산 격인 북악산이 주산 역할을 하고 있고 그 좌우에 낙산과 인왕산이 각각 청룡과 백호가 되고 있다. 앞쪽에는 안산으로 남산이 자리하고 있고 그 뒤쪽으로는 멀찌감치 관악산이 조산으로 버티고 있다. 안산과 조산 사이로는 객수인 한강이 남산을 감돌아 서쪽으로 빠져나가며 명당수인 청계천이 동쪽으로 흐르다가 중랑천으로 들어가 뚝섬에서 한강과 합류하고 있다.

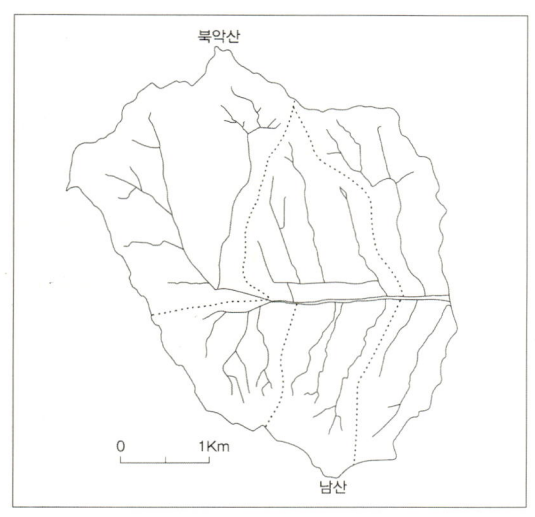

◘ 청계천과 그 지류들의 하계망(유경희, 1991)

47년 동안 복개되었다가 최근 다시 그 원래 모습을 되찾게 된 청계천은 풍수지리적으로 보면 명당수에 해당된다. 지리적 입장에서 보면 청계천은 그 이름값을 톡톡히 해왔다. 한강은 자연지리학적으로 보면 곡류하천으로서 현재 관악구 일대가 공격사면, 용산구 일대가 **포인트 바**(point bar)가 되어 한강이 범람할지라도 도성(都城) 안은 비교적 안전하다. 게다가 청계천은 한강 본류와 반대 방향으로 흐르고 있어 범람이 심할 때 급속히 도성 안이 침수하는 것을 방지해 준다. 실제로 한강이 범람할 경우 원래의 한양 범위를 벗어난 망원동, 풍납동, 천호동, 영등포, 일산 등지는 쉽게 침수되지만 원래의 한양이었던 사대문 안쪽은 거의 침수되는 일이 없었다. 이것은 풍수가 단순히 미신적인 것이 아니라 다분히 지리과학적인 요소를 지니고 있음을 보여주는 좋은 예인 것이다.

포인트 바
하천이 곡류할 때는 하천 양쪽 사면에서는 침식과 퇴적이 각각 나타난다. 이때 주로 침식작용을 받는 쪽의 사면을 공격사면(cut bank), 퇴적작용이 주로 나타나는 그 반대쪽 사면을 포인트 바라고 한다. 공격사면 쪽은 수심이 깊어지고 절벽이 만들어지며, 포인트 바 쪽은 수심이 얕아지고 넓은 퇴적지형이 발달한다.

명당수 청계천

도심의 자연을 즐기는 시민들(청계천 5가, 2006.5.14.) ➡
서울의 명당수로 돌아온 청계천(청계천 4가, 2006.5.14.) ⬇

생활 속의 지리사상

제8부 능라도 수박 맛

음식 속 지리 이야기

Geography

카레
영어로는 'curry'이고 커리, 또는 카레이라고 한다. 카레이는 향신료의 하나로서 강황(薑黃), 새앙, 후추, 고추 등을 섞은 노란색의 자극성이 강한 가루를 말한다.

인도인과 카레

우리들이 즐겨 먹는 음식 중에 인도 요리의 하나인 '카레라이스'가 있다. 정확하게는 카레이 라이스로서 원어의 뜻을 살린다면 커리드라이스(curried rice) 또는 라이스커리(rice curry)이다.

여름 방학을 이용해 인도를 여행하면서 한 가정을 방문한 학생이 무엇이 먹고 싶으냐는 주부의 질문에 '**인도 카레**'를 먹고 싶다고 하자 주부는 몹시 당황했다고 한다.

인도에는 인도 카레라고 하는 요리가 없다. 모든 요리가 인도 카레인 것이다. 치킨이나 계란, 생선 카레도 있고 콩이나 감자, 오이 등 야채 카레, 파인이나 메론 등 과일 카레도 있다.

카레의 향신료는 가정에 따라 다르다. 거리에 나가 보면 향신료로 이용하는 갖가지 열매, 잎, 뿌리 등을 그대로 말려서 팔고 있다. 이것을 사다가 혼합하여 한 번에 10일분 정도씩 돌절구에 넣고 갈아 만드는데, 어떤 비율로 혼합하느냐는 것은 바로 그 가정 나름대로의 전통적인 방법에 따르고 있으며, 이 방법은 어머니에게서 딸에게 전수된다. 카레의 노란색은 심황이라는 식물의 뿌리에서 얻는다.

카레의 맛은 지방에 따라 다르다. 델리 등 북부인들은 "마들레스 등 남부 카레는 너무 맵다"라고 하고, 남부에서는 "인근 주(州)에서는 더 맵다"라고 하여 터무니없이 매운 것은 평판도 좋지 않다. 향신료의 사용량은, 델리 가까운 북부 주에서는 1인당 하루 3g 정도이며 남부에서는 21~24g, 가장 많은 주의 경우는 26g이나 된다. 남부에서 그 사용량이 많은 것은 더위로 인해 떨어진 식욕을 증진시키기 위한 것이라고 한다.

향신료의 최고급품은 사프란(saffraan)으로서 그 색은 인도의 국기에도 사용되고 있다. 지금 우리가 즐기는, 감자와 양파를 넣어 물컹물컹하게 만든 카레라이스는 인도식도 아니고 서양식도 아닌 우리 식인 것이다.

카카오와 코코아

16세기 초 스페인의 콜테스가 멕시코의 아즈텍 왕국을 정복했을 때, 주민들은 카카오(cacao) 콩을 불에 올려놓고 거기에다 옥수수, 후추를 첨가하여 초코랄이라는 음료를 만들어 마셨다. 그들은 이 음료가 체력을 강하게 하며 질병에 걸리지 않도록 해준다고 믿었다. 스페인 사람들은 이 음료에 후추 대신 설탕을 첨가하여 마시기 시작하였고 이를 초코라테라고 불렀다. 이것이 영어권에서의 초콜릿의 기원이 된 것이다.

카카오는 벽오동과의 나무로서, 직경은 25cm 정도에 럭비볼 크기의 열매가 열리고 그 속에 콩알 만한 종자가 50~100개씩 들어있

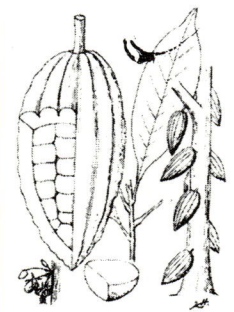
🔸 카카오

다. 이것이 카카오 콩이다.

지금은 초콜릿 하면 으레 딱딱한 판(板) 초콜릿을 떠올리지만 원래의 초콜릿은 음료였다. 1657년 런던에 초콜릿 하우스가 생겼는데, 이때도 역시 초콜릿은 음료였다.

그러나 카카오에는 지방분이 50% 이상 포함되어 있어 그대로는 우유나 물에 잘 녹지 않았다. 1828년 네덜란드의 반호텐이라는 사람은 카카오에서 지방분(카카오 버터)을 제거하고 나머지를 분말로 하여 물에 녹이는 방법을 고안해 냈다. 이 분말을 보통 코코아(cocoa)라고 하는 경우가 많다. 그러나 실제로 카카오나 코코아는 같은 말로서 카카오는 스페인어이고 코코아는 영어일 뿐이다.

코코아의 소비가 급속히 증대된 것은 20세기에 들어와서이다. 금세기 초에 세계 코코아 생산량은 15만 톤이었으나 1979년에는 159만 톤으로 약 10배 정도 늘었고 1994년 현재 세계 카카오 콩 생산량은 256만 톤에 이르렀다.

이같이 생산량이 급증하자 생산지 분포에 큰 변화가 나타나기 시작했다. 제1차세계대전 이전까지는 에콰도르가 제1의 생산지였고, 다음으로는 카리브 해 제국, 브라질의 아마존 유역 등이 주산지였다. 그리고 이들 산지는 브라질 동안으로 확대되었고 대서양을 건너 아프리카까지 전파되었다. 특히 이 가운데 기니 만 연안의 가나와 나이지리아의 경우, 1920년에는 아메리카의 오랜 산지의 생산량을 앞질렀다. 1979년에는 코트디부아르가 가나를 제치고 제1의 산지가 되었고, 1994년 현재 그 생산량은 약 80만 톤(세계 생산량의 31%)으로 2, 3, 4위인 브라질, 인도네시아, 가나의 생산량을 합한 것과 같다.

코코아는 재배 후 5년이 지나야 수확할 수 있다. 적갈색의 크고 무거운 콩깍지가 줄기에 직접 매달리는데, 다소 강한 바람이 불면 콩깍지가 상처를 입거나 땅에 떨어진다. 그래서인지 코코아는 소위 적도 무풍대로 불리는 지역에서 재배된다.

보드카와 흑빵

빵의 원료는 대부분 밀가루이지만 러시아나 폴란드, 독일 지역에서는 지금도 호밀 가루로 만든 흑빵을 먹는 사람이 많다. 제정 러시아 당시 농민들의 전형적인 식사는 흑빵과 양배추 수프, 그리고 크바스(Kvas)라고 부르는 보리 음료 등이었다.

농가 주부는 저녁때가 되면 벽돌로 만든 화덕에 불을 지피고 그 불을 재로 덮어 불을 약하게 한 다음 거기에 호밀 가루로 만든 빵 반죽을 묻어 하룻밤 발효시킨다. 이 반죽을 이튿날 아침 꺼내 오븐에 구워 빵을 만든다.

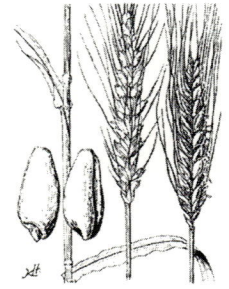
⬆ 밀

호밀 가루는 밀가루에 비해 공기를 함유하는 능력이 떨어지기 때문에 반죽하면 단단하고 무거운 빵이 된다. 호밀빵은 약간 신맛이 나는데 시간이 지나도 딱딱해지지 않고 맛도 크게 변하지 않는다. 맛에서는 다소 떨어지나 비타민 B류나 아미노산 등이 많고 영양 면에서는 흰 빵보다 뛰어나다.

호밀은 러시아의 보드카 원료로서 빼놓을 수 없다. 미국이나 영국에서는 위스키 원료로도 쓰인다. 호밀은 아프가니스탄이나 코카서스 지방에서 나는 밀밭의 잡초였다고 한다. 그러나 밀보다 추위에 강해 섭씨 영하 25도에서도 성장이 가능하며, 척박한 땅에서도

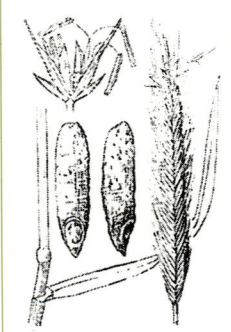
⬆ 호밀

잘 자라고, 밀이 흉년이 들었을 때도 살아남기 때문에 결국 밀이 재배되지 않는 한랭지나 고랭지에서 널리 재배되기 시작한 것이다.

재미있는 땅 이름

Geography

월악산과 달천

   지리학에서 지명은 매우 중요한 연구 주제이다. 지명은 그 지역의 지리, 역사적 산물로서 그 지역의 특성을 파악하는 단서가 되기 때문이다.

   우리나라에서 현재 사용하는 지명은 약 100만 개 정도이다. 이들 지명은 크게 자연 지명, 유교 지명, 불교 지명으로 구분할 수 있는데, 그중 가장 많은 것이 자연 지명이다. 자연 지명에서는 산(山)이라는 글자가 가장 많이 사용되고 있으며, 그 다음으로는 곡(谷), 신(新), 대(大), 송(松), 천(川), 현(峴), 석(石), 상(上), 내(內), 남(南), 암(岩), 동(東), 수(水) 등이 많이 쓰인다. 우리나라는 산이 많으므로 당연히 산악 지명이 많다. 산을 나타내는 글자로는 산(山), 악(岳), 강(岡), 봉(峰) 등이 있으며, 차(車), 월(月), 술(述), 달(達) 등도 산을 나타내는 지명으로 많이 쓰인다.

   재미있는 것은 산과는 전혀 관계없는 글자인 차(車), 월(月), 술(述), 달(達)이 산을 뜻하는 지명으로 쓰인다는 점이다. 그러나 어원을 따져 보면 모두 산과 무관한 것은 아니다.

　차(車)의 경우 그 훈은 '수레'인데, 우리 옛말에서 '술' 또는 '수리'는 산을 뜻하는 글자였다. 즉, '차(車)' 자 자체는 산과 관계없지만 그 훈이 산을 의미하는 글자로서 그 훈을 따서 산을 의미하는 지명으로 사용된 것이다. '차령산맥'이라고 할 때 차령(車嶺)은 순수 우리말로 '수리재'이며, 이는 '산령(山嶺)'이라는 뜻을 지닌다.

　월(月)의 경우도 마찬가지이다. 그 훈인 '달(둘)'은 역시 고어에서 산을 의미한다. 따라서 월악산(月岳山)은 의미적으로는 산산산이 된다. 그만큼 험한 산이라는 의미일 것이다.

　이에 대해 술(述)과 달(達)은 그 음 자체가 고어에서 산을 의미하는 글자로서 이 음을 따서 산이라는 지명으로 사용한 예이다. 이때 훈을 딴 것을 차훈(借訓), 음을 딴 것을 차음(借音) 지명이라고 한다.

　충주에 가면 달천(達川)이 있고 달천 상류에는 괴산에 감물면(甘勿面), 충주시에 단월동(丹月洞)이 있다. 달천(達川)에서 달(達)이라는 말은 순수 우리말 '달다'에서 그 음을 빌린 예이다. 예로부터 달천은 물맛이 달기로 이름나 있다. 감물면(甘勿面)에서 감(甘)은 역시 '달다'는 뜻이며, 물(勿)은 그 음 자체가 우리말로 물(水)이다. 단월동에서 단(丹)은 그 음이 '단(달다)'으로서 단맛을 의미하고 있다.

알랑미를 아십니까?

　1901년 9월 13일 '대한제국' 처음으로 안남미가 수입되었다. 대한제국은 계속된 기근과 한국 쌀의 일본 수출로 부족해진 식량을 보충하기 위해 값싼 안남미 30만 섬을 들여오기로 결정했고, 이날 그 일부가 인천항으로 들어온 것이다.

40대 이후 장·노년기의 사람들 중에는 '알랑미'를 기억하는 이가 많을 것이다. 마치 파리가 빨다 놓은 것처럼 풀기가 하나도 없고 훅 불면 모두 날아가 버릴 것 같은 밥, 바로 수입쌀 알랑미로 지은 밥이다.

알랑미는 제대로 말하자면 안남미(安南米)로서 이는 **안남**(安南) 지방에서 나는 쌀을 말한다. 바로 월남(越南)으로서 지금은 많이 개방되었고 국교가 정상화되어 상호 교류가 활발해지고 있지만, 불과 얼마 전까지만 해도 우리의 젊은이들이 아까운 목숨을 바쳐 싸우던 곳이다. 지금은 베트남(Vietnam)이라고 하는데, 이 말은 월국(越國, viet)의 남쪽 지방(nam)이라는 뜻이다. 기원전에는 지금의 중국 화남 지방을 월국이라고 불렀고 그 월나라 종족 중 일부가 남하하여 정착한 곳을 월남이라 칭했던 것이다. 7세기 당(唐) 시대에는 이 지역을 안남 지역이라 했다.

지명 중에는 이처럼 특정 방향을 의미하는 지명들이 많다. 예멘(Yemen)은 아랍어로 오른쪽이라는 뜻을 지니고 있다. 아랍 성지인 메카의 카바 대신전을 향해 섰을 경우 얼굴은 동쪽을 향하고 그 메카의 남쪽은 곧 오른쪽이 되는데, 이곳이 바로 예멘이다.

고대 오리엔트 국가 아시리아에서는 에게 해를 경계로 그 동쪽을 'acu', 서쪽을 'ereb'라고 불렀다. 이 중 'acu'에 지명접미사인 'ia'가 첨가되어 동쪽 지방이라는 뜻으로 아시아(Asia)라는 지명이 탄생된 것이다. 'ereb'라는 말은 로마 시대 에우로파(Europae)라는 말을 거쳐 지금의 유럽(Europe)이 되었다. 곧 아시아는 동쪽 지방, 유럽은 서쪽 지방이라는 뜻이다.

안남
영어로는 'Annam'이다. 인도차이나 동쪽 지역으로서, 예전에는 왕국이었고, 1884년 프랑스령이 되었다가 1949년 베트남으로 독립하였다. 그 뒤 1954년 제네바협정에 따라 남북으로 나뉘었고, 베트남 전쟁을 거친 뒤 통일되어 지금에 이르고 있다.

아일랜드(Ireland)는 서쪽 나라라는 뜻을 지니고 있다. 고대 아일랜드어에서 'eirinn'은 서쪽이라는 뜻이었으며, 이것이 아이르(Eire)로 변하고 여기에 지명접미사 'ia'가 붙어 아일랜드, 즉 '(영국을 중심으로 했을 때) 서쪽 나라'가 된 것이다.

중세 북방 게르만인의 통상 항로는 발틱 해를 동진하는 동항로, 북해를 서진하는 서항로, 스칸디나비아 반도를 따라 북진하는 북항로 등 세 개의 통상항로가 있었다. 여기에서 북쪽 항로를 게르만인들은 'Norreweg'라 불렀고, 이것이 노르웨이어로 'Norge', 영어로 노르웨이(Norway)가 되어 지금의 국가 이름으로 쓰이고 있다.

역전앞과 고비 사막

역전이라는 말이 역의 앞이란 말임에도 불구하고 우리는 '역전앞'이라는 말을 아무렇지도 않게 쓰고 있다.

이러한 예는 외국 지명에서도 어렵지 않게 찾아볼 수 있다. 아라비아(Arabia) 사막은 아랍어 'arab(황무지)'에 지명접미사 'ia'를 붙여 쓰고 있는 말이며, 사하라(Sahara) 사막 역시 아랍어 'sahra(황무지)'에서 나온 말이다. 고비(Gobi) 사막은 몽골어 'gobi(황무지)'에서 비롯된 것으로, 그 어원이 되는 말 모두가 황무지, 즉 사막이라는 뜻을 이미 가지고 있다.

리오그란데(Rio Grande) 강은 스페인어에서 'rio(강)'와 'grande(큰)'의 합성어로서 그 말 자체가 큰 강이라는 뜻이다. 리우데자네이루(Rio de Janeiro)에서 자네이루는 영어에서 제뉴어리(January, 1월)로서, 즉 '1월에 발견한 강'이라는 뜻을 지니는 지명이다.

인더스(Indus) 강은 산스크리트어 'sindhu'에서, 갠지스(Ganges) 강 역시 산스크리트어 'ganga'에서, 헤이룽 강이라고도 부르는 아무르(Amur) 강은 퉁구스어 'amar'에서, 메콩(Mekong) 강은 라오스어 'mekong'에서, 메남(Menam) 강은 타이어 'menam'에서, 엘베(Elbe) 강은 인도유럽어 'alb'에서, 오브(Ob) 강은 이란어 'ab'에서, 파라나(Parana) 강은 인디언어 'para'에서 각각 비롯된 것으로, 이들 모두는 그 말 자체가 '강'이라는 뜻이다.

국가 이름 중 강 이름을 딴 것으로 자이레, 나이지리아, 감비아 등이 있다. 'zaire'는 반투어로 큰 강 또는 바다라는 뜻이며, 'niger', 'gambi'는 서아프리카 원주민들 언어로 역시 강이라는 의미로 쓰이는 말이다.

리아스식 해안인가 리아 해안인가?

우리나라 남·서해안의 특징을 이야기할 때 보통 '리아스식 해안'이라고 한다. 그러나 영어에서는 이를 'Ria Shoreline'으로 표현하고 이를 직역하면 '리아 해안'이 된다. 어떤 표현이 맞는 것일까?

'Ria'라는 말은, 이베리아 반도 북서안의 만입(灣入)을 가리키는 말이다. 하곡에 의해 개석된 산지가 육지의 침강, 즉 해수면이 상대적으로 상승함으로 인해서 해수가 원래의 곡구(谷口) 부분으로 침입하여 만입을 만드는 침수해안선이 이 장소에서 주목받았기 때문에 사용하게 된 용어이다. 즉, 다른 지역에서라도 이러한 성인을 갖는 만입과 갑각(岬角)이 서로 교대로 나타나는 같은 종류의 해안선을 '리아스식 해안'이라고 부르게 되었다. 말하자면 유형적(類型的)

Ria
스페인어에서 만은 'Golfo'(영어의 'Gulf'에 해당한다), 'Ria'는 영어의 'Firth', 'Estuary, 즉 입강(入江)'에 해당한다. 스페인어의 원래의 의미는 하구(河口)에서 해수가 거슬러 올라가는 부분을 말한다.

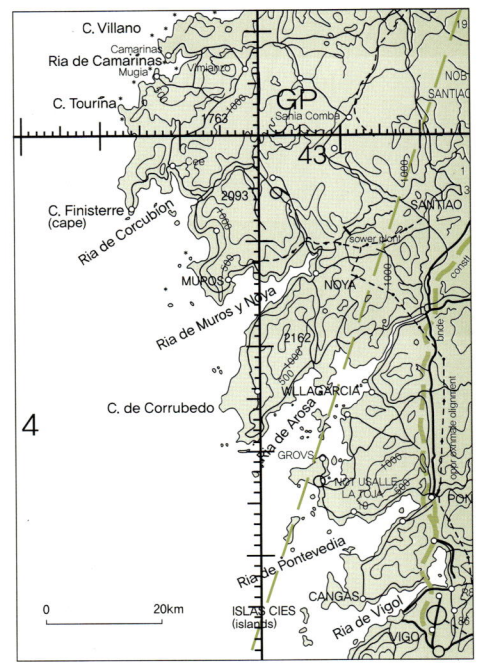

▲ 스페인 북서안의 리아스 해안(式正英, 1984, 1/100만 항공도)

지형용어라고 할 수 있다. 여기에서 문제가 되는 것이 리아스의 '스'이다. 이 용어는 리히토펜(F. Richthofen)이 이러한 형태의 해안을 리아스퀴스테(Riasküste)라고 부른 것이 그 시초로서, 펭크(A. Penk)도 이를 답습하여 보급시켰다. 독일어 용법에서 's'를 소유격으로 볼 경우 이를 번역하면 '리아 해안'이 될 것이다. 영어의 'Ria Shoreline'은 해안지형학자 존슨(D. W. Johnson)이 사용한 것(단, 단순한 번역어는 아니며 의미를 넓게 정의하였다)이지만, 's'를 원어 스페인어의 복수형으로 취급한다면 '리아스퀴스테'의 의미는 '입강군(入江群) 해안'이 되어, 그 나름대로 다수의 만입 모양을 반영하므로 의미가 있다.

　리아 해안선의 개념을 정의할 때 '입강이 많은 해안선'이라는 의미를 포함시킨다면 리아이든 리아스이든 어떻게 불러도 문제 될 것은 없다.

해와 달, 그리고 시간

Geography

윤동짓달에 빚 갚는다

윤년에 드는 달을 윤달이라 한다. 태양력에서는 2월을 하루 더 많게 하여 29일로 하고, 태음력에서는 양력과 맞추기 위해 평년보다 한 달을 더하여 윤달을 만든다.

지구가 태양을 일주하는 데 365일 5시간 48분 46초 걸리므로, 그 끝수를 모아 태양력에서는 4년마다 하루 늘려(400년에 97일) 2월을 29일로 한다.

하루[日]는 해의 움직임으로 결정되는 것인 데 반해 한 달[月]은 달의 운동을 기준으로 만들어진 시간의 단위이다. 한 달의 길이는 정확하게 29.5305882일이다. 따라서 12개월을 1년이라고 할 때 그 길이는 태음력에서는 354일밖에 안 되고, 태양력의 365일과는 11일의 차이가 생긴다. 이 차이가 계속 누적되어 어느 정도 지난 다음에는 계절 변화와 날짜가 맞지 않게 된다. 이를 바로잡기 위해 만든 것이 바로 윤달이다. 태음력에서는 5년에 두 번 정도의 비율로 1년을 13개월로 한다.

윤년
윤달이나 윤일이 든 해(↔평년). 윤일은 태양력에서 윤년에 드는 특별한 날로서 2월 29일을 말한다.

19년 7윤법
19년마다 7번의 윤달을 두는 방법.

윤달을 정하는 데는 확실한 규칙이 있는데, 수천 년 전부터 동서양에서는 '19년 7윤법(閏法)'을 사용해 왔다.

24절기는 양력의 상순에 들어가는 입춘, 경칩, 청명 같은 12절기와 하순에 들어가는 우수, 춘분, 곡우 같은 12중기(中氣)로 나뉜다. 음력은 29일인 달이 많으므로 때로는 절기나 중기가 하나만 들어있는 달이 생기게 된다. 이때 중기가 없는 달을 그 전달의 윤달로 정한다. 이를 무중치윤법(無中置閏法)이라고 한다. 그러나 무중일(無中日)이 여러 달 있으면 그중 가장 먼저 오는 달이 윤달이 된다.

윤달은 어느 달이나 생기지 않는다. 지구와 달이 태양을 도는 공전 속도가 가장 느린 여름에 주로 생긴다. 하지(夏至)경에 윤달이 생길 확률이 높다. 1770~2052년까지 윤5월이 22번으로 가장 많고, 4월(16번)과 6월(14번)이 다음으로 많다. 즉, 동지섣달과 정월에는 한 번도 없다. 예로부터 "윤동짓달에 빚 갚는다"라는 속담이 생긴 것도 이 때문이다.

윤달에는 수의(壽衣) 만드는 집에 사람들이 줄을 잇는 반면에, 예식장 및 혼수 마련하는 집들은 텅텅 빈다.

윤달은 '공달', '덤달', '여벌달' 등으로도 불린다. 거저 생긴 달인 만큼 어떤 액운(厄運)도 없는 것으로 여겼다. 150년쯤 전에 우리의 세시풍속을 집대성한 『동국세시기(東國歲時記)』의 마지막 장인 「윤월(閏月)」에는 "결혼하기에 좋고 수의 만드는 데도 좋다. 모든 일을 꺼리지 않는다"라고 적혀있다. 즉, 윤달은 액이 없는 달이므로 수의 마련처럼 평소에는 꺼리던 일을 해도 좋다는 뜻이지 경사를 치르지 말라는 뜻은 아니다. 윤달에 결혼하면 좋지 않다는 말은 근거 없는 것이다.

윤달에 태어난 사람은 애석하게도 점을 볼 수 없다. 우리나라에서 점을 볼 때는 음력을 사용하는데, 윤달에 태어난 사람은 사주 중에서 달의 이름(생월)이 없기 때문에 사실 점을 볼 수 없는 것이다.

1년 열두 달 24절기 365일

1년 열두 달 중 마지막 달인 12월 하순을 우리는 흔히 세모(歲暮)라고 한다. 세모라는 말은 '목성이 저문다'는 뜻이다.

옛사람들은 우리 생활과 밀접한 별 5개를 선정하여 오성이라 했다. 형혹성(熒惑星), 진성(辰星), 세성(歲星), 태백성(太白星), 전성(塡星)이 그것으로 각 별은 음양오행(陰陽五行)의 원리에 따라 각각 상징하는 방향과 계절, 물질이 있다고 보아 형혹성은 화성, 진성은 수성, 세성은 목성, 태백성은 금성, 전성은 토성이라 부른다.

오성 중 특히 목성을 뜻하는 세성에는 '세(歲)' 자가 들어있는데, 이는 고대 천문지식과 관련이 깊다. 옛사람들은 목성이 12년에 걸쳐 하늘을 한 바퀴 돈다고 믿었다. 그래서 하늘을 30도씩 모두 12차(次)씩 구분하고 1년 동안 1차씩 운행된다고 생각하여 각각 자, 축, 인, 묘, 진, 사, 오, 미, 신, 유, 술, 해의 12개 지지(地支)를 대응시켜 해를 기록했다. 현재 목성의 공전 주기는 11.862년으로, 고대 중국인들의 정확한 천문지식에 놀랄 뿐이다.

우리는 1년을 지구의 운동에 따라 24절기로 나누어 생활에서 쓰고 있다. 지구가 태양 주위를 한 바퀴 도는 데 걸리는 시간을 1년으로 보는 것이 양력인데, 이때 태양 주위를 도는 지구의 이동 간격을 춘분점을 기준으로 15도씩 동쪽 방향으로 24등분해서 이름을 붙인 것이 24절기이다. 다시 말하면 24절기의 기준은 양력이다. 천문대가 발행하는 역서를 토대로 만든 달력을 보면 절기가 한 달에 두 개씩 들어 있다. 원칙적으로는 상순의 것을 절기, 하순의 것을 중기라고 한다.

태양 주위를 지구가 돌고, 지구 주위를 달이 돌고 있다. 이들이 돌다가 태양, 달, 지구의 순서대로 일직선상에 놓일 때가 있는데, 이를 합삭이라고 한다. 이 합삭된 날을 그 달의 첫날로 잡는 것이 음력이다. 결국 합삭과 다음 합삭 간의 날수가 음력 한 달인데, 대개 29일 또는 30일이 된다. 음력은 고종 32년(1895)에 사용이 폐지되었으나, 현재는 양력과 함께 사용되고 있다. 이전의 태음력에다 태양력을 처음으로 도입한 중국 주(周)나라는 번성한 화북 지방의 농사와 기상 상태를 토대로 하여 24절기를 만들었다.

우리나라에서는 24절기가 보통 계절변화를 알려주는 척도, 혹은 음력에 윤달을 두는 지표로 쓰이고 있다. 우리나라는 24절기가 그대로 적용되지 않는데, 이는 중국 화북 지방과 기상 상태가 다르기 때문이다. 예를 들면 절기상 가장 추울 때를 대한, 추위가 시작되는 때를 소한이라 하는데, 우리나라에서는 소한이 더 추워 "대한이 동생인 소한 집에 놀러 갔다가 얼어죽는다"라는 말이 있을 정도이다.

7월, September

시계와 달력이 없어도 자연 속에서 시간은 언제나 흐르고 있지만 우리 인간은 이 자연의 시간을 시계와 달력을 통해 인간의 시간으로 만들어 살아간다.

시간의 기본 단위인 1초는 독일의 본에 있는 원자시계의 세슘 원자가 91억 9,263만 1,770번 진동하는 시간이다. 태양력상 1년의 평균치는 365.2422일이다. 이를 365.25로 잡아 4년마다 1일을 추가시키고 있지만, 1년에 0.0078일의 오차로 인해 4세기마다 3일의 오차가 발생한다. 지구의 회전 속도도 일정하지 않다. 정확히 말하자면 1일(24시간)의 1/8만 6,400 분이 1초가 되지 않는다는 계산이다. 이러한 원자시계와 실제 지구 회전 속도 사이의 오차를 바로잡아 주기 위해서 만든 것이 윤초(閏秒)이다.

캘린더(calendar)는 라틴어 'kalendae'에서 비롯된 말로서 초기 로마인들은 매달 첫째 날을 'calends'라고 불렀다. 초기 로마인들의 달력에는 1년이 10개월, 295일로 되어있었다. 3월(March)이 1년의 첫 달이었다. 7월은 'September', 8월은 'October', 9월은 'November', 10월은 'December'였다. 이는 각각 7, 8, 9, 10을 뜻하는 라틴어를 사용한 것이다. 그리고 기원전 700년경에 11월(January)과 12월(February)이 추가되었다.

1월 1일이 한 해의 시작으로 된 것은 기원전 45년, 카이사르가 그리스 천문학자 소시게네스(Sosigenes)에게 자문을 받아 단행한 개혁의 결과였다.

옛날에는 특히 새롭게 정권을 잡으면 우선적으로 착수한 것이 달력을 바꾸는 것이었다. 과거에는 달력이 왕권의 상징으로서 달력을 바꾸는 것은 천자의 고유 권한에 속했다. 따라서 춘추전국 시대에는 나라마다 서로 다른 달력을 사용하기도 했다. 달력을 바꾼다는 것은 그해의 첫 달, 즉 정월(正月)을 바꾸는 것으로서 어느 달을 첫

윤초
윤초는 평균 태양시와 원자시(原子時)의 오차를 조정하기 위하여 매년 1월 1일 또는 7월 1일 0시(우리나라 시간은 상오 9시)를 기하여 1초를 가감하는 것이다(당분간은 1초를 더하기만 함).

달로 삼느냐가 관심사였다. 하(夏)나라는 현재와 같이 음력 1월을, 은(殷)나라는 12월을, 주(周)나라는 11월을, 진시황(秦始皇) 때는 음력 10월을 정월로 삼았다.

지금과 같이 음력 1월을 정월로 삼게 된 것은 한 무제(漢武帝) 때부터이다.

어린이 천국 몽골에서 배우자

Geography

 몽골에서는 혁명 기념일인 7월 11일을 전후로 해서 성대한 축제가 열린다. 그 축제의 가장 중요한 행사 중 하나가 바로 경마이다. 그러나 이 경마는 우리나라와 같이 경마장을 달리는 것이 아니라, 수백 킬로미터 떨어진 곳에서 어린이들이 기수가 되어 말을 격려하는 노래를 부르면서 수도 울란바토르 교외로 모이는 경기이다. 트럭, 승용차, 버스 등의 자동차들이 초원의 한 귀퉁이로 가서 멈추면 그곳이 곧 말이 통과하는 지점이 된다. 경기에 참여하는 기수는 모두 6~12세의 어린 소년들로서 30km 코스를 달리게 된다. 이 대회에서 우승하는 말과 어린이 기수가 영웅이 되는 것은 물론이다.
 몽골은 세계에서 가장 인구밀도가 낮은 나라 중의 하나이다. 따라서 정부에서는 강력한 인구 증산책을 써왔다. 조혼다산(早婚多産)이 장려되고 어린이는 극진한 대우를 받는다.
 다음은 인구 장려책의 한 단면을 보여주는 재미있는 내용이다. 출산율이 급격히 떨어지고 있는 우리나라에서도 세 자녀 낳기를 적극 권장하고 국가적 차원에서 그 지원대책을 마련하고 있는데, 몽골의 인구 장려책을 눈여겨볼 만하다.

몽골의 인구 장려책

- 8명 이상의 아이를 낳은 어머니는 매년 노동자 평균 월급의 9개월분에 해당하는 액수(약 140만 원)를 상금으로 받고, 국모(國母)라는 칭호의 1등 훈장을 받는다.
- 5~7명의 아이를 낳은 어머니는 매년 70만 원 정도의 상금과 2등 훈장을 받는다.
- 4명의 자녀를 가진 경우는 이 어린이들이 8살이 될 때까지 매년 35만 원 정도를 받는다.
- 18세가 되면 남녀가 선거권을 갖는데, 이때까지 결혼하지 않은 독신자는 월수입 2%에 해당하는 벌금을 물어야 한다.
- 결혼 1년이 지나도록 아이를 낳지 못하면 역시 월수입의 2%를 벌금으로 낸다.
- 여성의 연금 자격 기준은 55세부터이지만 4명 이상의 자녀를 둔 여성에게는 50세에 연금 지급 자격을 준다.
- 쌍둥이나 세 쌍둥이 등 다산을 하는 경우에는 자녀가 18세가 될 때까지 모든 생활비가 지급된다.
- 5명 이상의 자녀를 둔 여성은 매년 3주간 결핵요양소를 무료로 사용할 수 있다.
- 주택을 지급할 때도 어린이의 수가 중요한 결정 요소로 작용한다.

능라도 수박 맛

Geography

속담 또는 금기어, 속어들은 우리 조상들의 지혜가 오랜 사고와 경험을 통해 압축되어 표현되는 것이다. 이 속담 속에는 그 지역의 자연환경과 그를 이용하여 살아가는 인간의 삶의 모습이 여러 형태로 담겨져 있다.

속담이나 금기어 중에는 자연환경과 관련되어 만들어진 것들이 많고, 그중에는 과학적이고 사실적인 것이 많다. 여기에 몇 가지를 소개한다.

가을볕에는 딸을 쬐이고 봄볕에는 며느리를 쬐인다

며느리보다 딸을 아끼는 시어머니의 속내를 보여주는 속담이다. 가을볕보다는 봄볕의 일사량이 훨씬 많기 때문이다. 단위 시간당 일사량은 차이가 없지만, 총일사량에서 큰 차이가 나타난다. 봄은 춘분 이후 낮 시간이 길어지고, 가을은 추분 이후 낮 시간이 짧아지므로 결국 총량에서 차이가 생기는 것이다. 그리고 가을은 봄보다 습도가 높아 지상에 도달하는 일사량도 줄어든다. 기상청은 봄철(3~5

푄 현상

평지를 불던 습윤한 바람이 산을 만나 사면을 따라 상승하게 되면 기온이 내려가면서 수증기가 응결되고 비가 되어 내린다. 이를 지형성 강우라고 한다. 그리고 비를 뿌린 다음 건조해진 바람이 산을 넘어 다시 불어 내려갈 때는 기온이 반대로 올라가게 된다. 그런데 습윤한 바람이 산을 올라갈 때의 기온하강률보다 건조한 바람이 산을 내려갈 때의 기온상승률이 더 크기 때문에 산을 넘어간 바람은 산을 넘기 전보다 훨씬 건조하고 더운 바람이 된다. 이러한 현상을 푄 현상이라고 하고 우리나라에서는 이러한 바람을 높새바람이라고 부른다. 영동 지방에서 불어오던 바람이 태백산맥을 넘어 영서 지방으로 불어 내려갈 때 이러한 현상이 잘 나타난다.

월)의 평균 일사량은 $1m^2$당 약 150메가줄(MJ)로, 가을철(9~11월)의 99메가줄에 비해 훨씬 많은 것으로 밝히고 있다.

삼복(三伏)에 비가 많이 오면 보은(報恩) 처자(處子) 운다

삼복이면 한창 곡식과 과일이 열매를 맺어 영글어가는 철이다. 보은은 특히 우리나라 감 산지로서 이때 비가 많이 내리면 감꽃이 다 떨어져 그해 감 농사를 망치게 된다. 처자, 즉 처녀는 감 농사를 잘지어 시집갈 밑천을 마련하려 했는데 얼마나 실망스러울 것인가.

냇가에 여울 소리가 크면 비가 많이 온다

흐린 날이면 일사량이 적어지고 지면의 가열이 미약해져 공기의 상하층 간 기온 차(밀도 차)가 거의 없게 된다. 이때는 결국 소리가 상층으로 퍼져나가지 못하고 오히려 옆으로 멀리 전파된다. 밤이 되면 주변에서 속삭이는 소리도 아주 잘 들리는데 이것도 마찬가지 이치이다.

동풍 안개 속에 수숫잎 꼬이듯 한다

특히 봄철에 영동 지방에서 영서 지방으로 부는 동풍은 고온건조한 바람으로, 이로 인해 곡식은 말라죽고 만다. 이 동풍은 강원도에서 샛바람이라고 부르는 것으로, 곡식을 말려죽인다 해서 살곡풍이라고 하기도 한다. 일종의 푄(Föhn) 현상이다.

달무리 생기면 비가 온다

약 8km 상공에서 '권층운'이 나타나면 구름 속의 빙정(氷晶)이

달빛에 굴절되는 현상이 나타나는데, 이것이 달무리이다. 구름 입자들이 빙정을 중심으로 점차 커지게 되면 이것이 비가 되어 내리는 것이다. 따라서 달무리가 나타난다는 것은 비가 내릴 조건으로서 빙정이 존재함을 의미하므로 비가 내릴 확률이 높아지는 것이다.

봄 사돈은 꿈에도 보기 무섭다

사돈지간만큼 어려운 관계도 없다. 사위는 만년 손님이라 했지 않은가. 이러한 사돈이 찾아오면 당연히 크게 대접을 해야 할 것이나, 제 집 식구 끼니도 때우기 어려운 봄철 보릿고개 때 사돈이 손님으로 찾아온다면 얼마나 괴로울 것인가.

능라도(綾羅島) 수박 맛

능라도는 평양의 모란봉을 한 옆에 끼고 흐르는 대동강의 한가운데에 있는 섬으로, 푸른 숲이 비단 천을 펼친 듯 아름답고 넓게 펼쳐져 있다고 하여 붙여진 이름이다. 하중도인 능라도는 여름 장마 때 물이 자주 넘친다. 따라서 이곳에 심은 수박은 장마로 넘친 물이 스며들어서 맛이 싱겁고 달지 않기 때문에 '능라도 수박 같다'는 말이 생기게 되었다.

참고문헌 및 자료

국내서적

권동희. 1995. 『환경생태학』. 신라출판사.
_____. 1996. 『환경과 사회』. 신라출판사.
_____. 2003. 「사이버 강의를 위한 멀티미디어 콘텐츠 개발 – 중·남부 아프리카 지역지리를 중심으로」. ≪사진지리≫, 제13호, 73~90쪽.
_____. 2004a. 「블랙아프리카의 세계」. ≪사진지리≫, 제14권 1호, 1~49쪽.
_____. 2004b. 「사이버 강의를 위한 멀티미디어 콘텐츠 개발 – 앵글로 아메리카 지역지리를 중심으로 – 」. ≪한국사진지리학회지≫, 제14권 2호, 37~46쪽.
_____. 2005. 「중국의 지형특징과 지형관광자원 유형」. ≪한국지형학회지≫, 제12권 2호, 51~62쪽.
권동희·김선희·이재천·정태홍. 1993. 『한국의 자연관광』. 백산출판사.
권동희·김주환. 1990. 『지구환경』. 신라출판사.
_____. 1992. 『환경재해』. 신라출판사.
권동희·김주환·김창환. 1993. 『환경과 생활』. 신라출판사.
권동희·김창환·장상섭·최병권. 1991. 『교양지리』. 신라출판사.
권동희·박희두. 1991. 『토양지리학』. 교학연구사.
권동희·박희두·이후석·한홍렬. 1989. 『자연과 인간』. 신라출판사.
김연옥. 1994. 『한국의 기후와 문화』. 이화여자대학교출판부.
대학지구과학회. 1984. 『지구과학개론』. 교학연구사.
리처드 포티저. 2005. 『살아있는 지구의 역사』. 이한음 옮김. 까치.
박일환. 1994. 『우리말 유래사전』. 우리교육.
배원준. 2004. 『화폐로 배우는 세계의 문화 1, 2』. 가교출판.
손인석·이문원. 1984. 『제주도는 어떻게 만들어진 섬일까? 제주화산도의 지질과 암석』. 도서출판 춘광.
신기철·신용철. 1980. 『새우리말큰사전』. 삼성출판사.
양승영. 2001. 『지질학사전』. 교학연구사.
윌리엄 K. 스티븐스. 2005. 『인간은 기후를 지배할 수 있을까?』. 오재호 옮김. 지성사.
유소민. 2005. 『기후의 반역』. 박기수·차경애 옮김. 성균관대학교출판부.

윤종민. 1996. 「영화와 지리학」. 동국대학교 사범대학 지리교육과 졸업논문.
이상태. 1991. 「조선시대 지도연구」. 동국대학교 대학원 박사학위논문.
이케다 히로시. 2002. 『화강암지형의 세계』. 권동희 옮김. 도서출판 한울.
임정웅. 「한국의 지열(地熱) 분포와 온천의 특성」. 한국자원연구소.
장보웅. 1997. 「몽골 유목민의 겔(ger)과 음식문화에 관한 연구」. ≪한국지역지리학회지≫, 제3권 1호, 155~164쪽.
전영권. 1997. 「경남 밀양 얼음골 일대의 지형적 특성-talus를 중심으로-」. ≪한국지역지리학회지≫, 제3권 제1호, 165~182쪽.
_____. 2005. 「독도의 지형지」. ≪한국지역지리학회지≫, 제11권 제1호, 19~28쪽.
전영신. "흙비와 황사". ≪동국대학교 대학원 신문≫, 125호, 2005. 5. 2.
정승일 외. 2003. 『국제화시대의 세계지리』. 대구대학교출판부.
정장호. 1993. 『지리학 사전』. 우성문화사.
정지은. 2002. 『라틴 문화 여행』. 일빛.
한국고전신서편찬회. 1991. 『속담풀이사전』. 홍신문화사.
한국지구과학회. 1995. 『최신지구학: 50억년의 다이내믹스』. 교학연구사.
한국지리정보연구회. 2004. 『자연지리학사전』(개정판). 도서출판 한울.
한비야. 2002. 『바람의 딸 걸어서 세바퀴반-중앙아메리카·알래스카』. 도설출판 금토.
홍시환. 1995. 『한국의 동굴』. 대원사.

일본서적

淺井辰郎. 1966. 氣候と人類. 『自然地理學 Ⅰ』. 朝倉書店.
A. グーディー 著. 1987. 『沙漠の環境科學』. 日比野雅俊 譯. 古今書院.
伊東俊太郎·安田喜憲. 1996. 『地球と文明の劃期』. 朝倉書店.
岩坂泰信. 1990. 『オゾンホール』. 裳華房.
梅原猛·伊東俊太郎. 1994. 『火山噴火と環境·文明』. 思文閣出版.
江口昊. 1987. 『地域と環境』. 文化書房博文社.
大浜一之. 1990. 『地球の雜學事典』. 日本實業出版社.
小川一朗·井出榮夫. 1985. 『地理學要說』. 文化書房博文社.
學研. 1994. 『大自然のふしぎ 地球·宇宙の圖詳圖鑑』.
氣象ハンドブック編輯委員會 編. 1984. 『氣象ハンドブック』. 朝倉書店.
日下雅義. 1982. 『環境地理への道』. 地人書房.

黑島晨汎. 1993. 『環境生理學』. 理工學社.
小泉格·安田喜憲. 1995. 『地球と文明の周期』. 朝倉書店.
小坂和夫. 1982. 『教程 地圖編輯と投影』. 山海堂.
式 正英. 1984. 『地形地理學』. 古今書院.
清水正元. 1985. 『沙漠化する地球』. 講談社.
スタンレイ·N·デービス[ほか] 著. 1981. 『地學入門』. 盛谷智之 監譯. 啓學出版.
鈴木秀夫·出本武夫. 1986. 『氣候と文明·氣候と歷史』. 朝倉書店.
地學團體硏究會. 1983. 『地球の歷史』. 東海大學出版會.
地球溫暖化影響硏究會. 1990. 『地球溫暖化による社會影響』. 技報堂出版.
豊田薰 外. 1984. 『地理のとびら』. 日本書籍.
福井英一郎·吉野正敏. 1984. 『氣候環境學槪論』. 東京大學出版會.
間崎万里 譯. 1984. 『氣候と文明』. 岩波書店.
牧英夫. 1982. 『世界地名の語源』. 自由國民社.
宮川善造·田邊健一. 1981. 『環境の科學としての地理學』. 大明堂.
安田喜憲. 1993. 『氣候が文明を變える』. 岩波文庫.
_____. 2004. 『氣候變動の文明史』. NTT出版.
窯洞考察團. 1988. 『生きている地下住居』. 彰國社.
吉野正敏. 1984. 『氣候學』. 大明堂.
和田 武. 1990. 『地球環境論』. 創元社.
NHK取材班. 1987. 『地球大紀行 5』. 日本放送出版協會.

영문서적

Aventura and Brasileira. 2000. IGUACU.
Anderson, David M. 1995. *Maasai-people of cattle, Chronicle Books*. San Francisco.
Ceccato, Beppe. 1995. *Past and Present BRAZIL*. DISAL S. A.
Christopherson, Robert W. 1997. *Geosystems-An Introduction to Physical Geography*. Prentice Hall.
Cusco-Peru. 2002. *Cusco and The Sacred Valley Of the Incas*.
Fairbridge, R. W. 1968. *The Encyclopedia of Geomorphology*. Reinhold Book Corporation.
H. J. de Blij and Peter O. Muller. 1996. *PHYSICAL GEOGRAPHY OF THE GLOBAL ENVIRONMENT*. Wiley.
Hails, J. R. 1978. *Applied Geomorphology*. Elsevier Scientific Publishing Co.

Hammond-Tooke, W. David. 1993. *The Roots of Black South Africa*. Jonathan Ball Publishers, Johannesburg.

Henning, Christoph, Klans E. Muller and Ute Ritz-Muller. 2000. *Soul of Africa*. Konemann.

Holt-Jensen, A. 1980. *Geography. Its History and Concepts*. Harper & Row.

Kibuyu Partners. 2002. *NGORONGORO CONSERVATION AREA*. Tanzania Printers Ltd., Karatu.

Keller, Eeward A. 1996. *ENVIRONMENTAL GEOLOGY*. Prentice Hall.

Lucien Finkelstein and Mariza Campos da Paz. 2000. *Rio-de Janeiro naif*. Edicoes MIAN Museu Internacional de Arte Naif do Brasil.

MACO. LTD. 1997b. *SERENGETI NATIONAL PARK*. Tanzania.

Moore, W. G. 1975. *A Dictionary of Geography*. Adam & Charles Black.

Mrash, W. M. and Grossa Jr. J. M. 1996. *Environmental Geography*. John Willey & Sons, Inc.

Omer, B. Raup. 1996. *Geology along Trail Ridge Road Rocky Mountain National Park Colorado*. Falcon Press and the Rocky Mountain Nature Association.

Peter Borchert. 2000. *This is South Africa*. New Holland, London.

Press F. and Siever R. 1978. *Earth*. W. H. Freeman and Company.

Ray, J. B. and James Douglas. 1970. *Physical Geography and Earth Science*. National Press Books.

Rose Rigden. 2001. *ROSE RIGDEN'S WILDSIDE*. Brigand Selections(Pty) Ltd.

Schreier, Carl. 1999. *A Field Guide to Yellowstone's Geysers, Hot Springs and Fumaroles*. Homestead Publishing, Moose, Wyoming.

Sean Fraser. 1998. *Seven Days in Capetown*. STRUIK.

Strahler, A. N. & Strahler A. H. 1989. *Physical Geography*. John Wiely & Sons, Inc.

Taylor, Robert L., Joseph M. Ashley, William W. Locke Ⅲ, Wayne L. Hamilton and Jay B. Erickson. 1989. *Geological Map of Yellowstion National Park*. Department of Earth Sciences Montana State University. Bozeman, Montana.

Thornbury, W. D. 1954. *Principles of Geomorphology*. John Wiley & Sons, Inc.

Whittow, J. 1984. *Dictionary of Physical Geography*. Penguin Books.

신문·방송·인터넷 자료

EBS. 1997. 1. <토네이도>.

KBS. 1996. 3. 8. <역사추리- 김정호는 과연 백두산에 8번 올랐는가>.

KBS. <한국의 미 - 덕항산 너와집>.

KBS. 1993. 8. 17. <한국의 미 - 풍수와 서울>.

KBS. 1996. 1. 29. <세계는 지금 - 페루 아타카마의 생존법>.

KBS. 1996. 5. 19. <일요스페셜 - 우주탐사 외계생명체 ET를 찾아라>.

KBS. 1996. 10. 22. <지방시대 - 신비의 동굴>.

KBS. 1997. 11. 4. <KBS 네트워크 기획 - 황토>.

KBS. 1998. 1. 29. <일요스페셜 - 한반도 탄생 30억 년의 비밀 ① 적도의 땅>

MBC. 1993. 8. 25. <한국문화의 원류 - 풍수지리>.

MBC. 1996. 1. 29. <다큐멘터리 MBC - 황토의 신비>.

동아일보사. ≪동아일보≫, 1993. 1. 1.~1997. 1. 31. 기사.

중앙일보사. ≪중앙일보≫, 1995. 1. 1.~2005. 5. 31. 기사.

http://www.numerousmoney.com

http://www.lgmax.com

http://news.jonins.com

찾아보기

nesos 188

SETI(Search for ET Intelligence) 22

가랑비 71
가짜 종유굴 63, 65
가평천 85~86
간조선(干潮線) 111, 119
간지(干支) 102
강수현상 73
개천 268
객수(客水) 269
갯벌 119, 234~235
거정화강암(巨晶花崗巖) 150
건물 풍수 258
건조벨트 82~83
건조화 194~196, 199~200
검조소 112~113
겔(ger) 184~186
결정질 암석 59~60
경도 101, 103~107, 109, 113~114, 122
경선 101~107, 122
경위도 원점 113~114
고대 문명 131~133, 137, 158, 194~197
고대 습곡산맥 34
고대 지중해 문명(미케네 문명) 200
고령토 173
고비 사막 280
고상식 가옥 18

고종즉위칭경비각(高宗卽位稱慶碑閣) 117
고층(高層)습원 236
곤드와나 대륙(Gondwana land) 28~29, 51
공간 14, 16, 18, 68
과산화물 238
관계 14, 16~17, 60, 217
관광동굴 61
관입암(貫入岩) 120~121
광물 20, 60, 120, 128, 141~144, 146, 148~150, 173~174
광석 146, 149
광천 141, 144
광화학 스모그 237~238
교결작용(cementation) 128
교토 의정서 246
구리 146~150
구리 광상 147, 149
구석개울 92
국가하천 92~93
국사당(國師堂) 58
굴피집 182~183
규화목(硅化木) 80
그랜드캐니언 206~207
그레이트플레인스 129~130
그르부(groove) 56
그리니치 공원 105
그리니치 천문대 103~104
극성층권운(PSC) 79
극소용돌이(Polar vortex, Circumpolar vortex) 79

찾아보기 299

극야와(Polar night vortex) 79
극와(極渦) 79
기상병 214
기자암(祈子岩) 58
기후 67~69, 77, 81~83, 96, 129, 132~133, 137, 149, 166, 185, 189, 191~194, 196~201, 204~205, 209~214, 216~218, 221~222, 224, 226, 246, 248~249
기후 마녀 222
기후변동 77, 83, 132, 137, 197~201, 221
기후변화협약 246
기후순화(acclimatization) 210

나마(gnamma) 56~57
나이아가라(Niagara) 폭포 175~176
나일 194, 199~201
나즈카 판 147~148
낙산(駱山) 263~265, 268~269
난기핵(暖氣核, warm core) 240
남대문 264, 266
남빙양 33
남산 265, 268~269
남수북조(南水北調) 158
남아프리카공화국 230
남태평양 33
내륙하천(內陸河川) 157
냉천 141
너와집 182~184
노르웨이 280
노트(knot) 122, 169
농업문명 197
뉴질랜드 30, 72, 129, 247~248
능동 땀샘 수 209

늪 235

달무리 292
달지리학 14, 24
담수 43~44, 224
대동여지도 123
대동지지(大東地志) 123
대류현상 44, 95
대륙도 52
대륙붕(大陸棚) 120
대륙이동설 28~29, 83
대리석 173~174
대리암 174
대서양 33~34, 36~39, 98, 103, 109, 274
대추야자 223~224
도근점 115
도로원표 116~118
독도 48~49
독도해산(海山) 49
돌개구멍 85
돕슨 단위(Dobson unit) 77
동대문 262
동해해산 49
두부침식(頭部浸蝕) 177
디클로로 디페닐 트리클로로에탄(DDT) 168

라타 51
람사(RAMSAR)조약 234~235
랜드 스파우트(land spout) 219
러시아 탁상지 34
로라시아(Laurasia) 29
뢰스(loess) 128~131, 134
루프(loop)식 터널 163~164

리버트 캡(Livert Cap) 65
리아(Ria) 281
리아스식 해안 281
리오그란데(Rio Grande) 강 280
리우데자네이루 38, 50~51, 165, 280
리히터 규모 41
리히터 진도 단위 37

마그마 체임버(Magma chamber) 148, 150
마린 포트홀(marine pot-hole) 86
마모작용 85~86
마사이 워킹 225
마사이족 226~227
마유주(馬乳酒) 184~186
마이산 89
만국지도회의(만국자오선회의) 104
만조선(滿潮線) 111, 119
매머드 핫 스프링스(Mammoth Hot Springs) 65
매우(霉雨) 69~71
맨틀 31~32, 52, 146
맨틀 대류 52, 146
메소포타미아 138, 194, 197~198
메탄 244, 247~249
멜라네시아(Melanesia) 188
명당(明堂) 268
명당수(明堂水) 268~269
모래폭풍 126
모리타니아(Mauritania) 188
모아이 석상 250
몬순(monsoon) 132, 194
몽골 184~186, 210, 280, 289~290
무제치늪 236
무중일(無中日) 284

무중치윤법(無中置閏法) 284
물리적 풍화 57, 95
미관광장 117~118
미노아(Minoa) 문명 137~138
미케네 문명 201
미켈란젤로 173~174
밀 275

바닷물 41~44, 49, 119, 168~169
바이우(Baiu) 71
반(半)풍수 260
발티카 34
발틱 순상지(Baltic Shield) 34
방해석(calcite) 174
배산임수(背山臨水) 90~91
백년하청 158
백두산 75, 171~172
백야(白夜) 205
벌집풍화(honeycomb weathering) 60
베게너(Wegener) 28~29
베트남(Vietnam) 279
변성암 120, 173~174, 245
병합설 73
보드카 192, 275
보른하르트 50~53
보신각(普信閣) 264
복거총론(卜居總論) 263
본초자오선 103~105, 113
봉소풍화 60
부진(浮塵) 126
북극해 32~33, 204
북문 264
북빙양 33

찾아보기 301

북악산   263
북태평양   33
분출암(噴出岩)   121
브라질 순상지   150~151
블리자드(blizzard)   228
빅아일랜드   47
빅파이브   231
빙산   168~169
빙정설   73
빙하 기원 뢰스   129~130
빵드 아수카(Pao de Acucar)   50
빵산   50

사과바위   54~55
사니딘(sanidine)   46
4대양   33
사막 기원 뢰스   129~130
사주팔자   102
사하라   80~84, 126, 129, 131, 133, 194~195,
          203, 280
산방산   89, 170~171
산성비   241~242
산성화   128, 241~243
산토리니(Santorini)   40, 138
산호   45, 47
산호모래   47
살곡풍   292
삼각점   114~115
삽우(霎雨)   69, 71
상대고도   87~88
샌안드레아스 단층   30, 37
샛바람   292
생물 존재 가능 영역(Habitable Zone)   23

생물지형(生物地形)   31
생물풍화   57
생물학적 순환(biological cycle)   20
서대문   262
서인도제도(West Indies)   100
석굴사원   52
석굴암   52
석불각   58
석비레   19
석순   63, 65
석영   47, 120, 128, 150, 173
석주   63, 65
석회동굴   61, 63~65, 183
석회화   65~66
선바위(禪岩)   57~59
성층권   25, 77, 79, 237, 247
셀러나그래피(selenography)   23~24
소나기   71
소말리아(Somalia)   188
소빙기(小氷期)   221~222, 251
솔레아이트(tholeiite)   45~46
솔루션 팬(solution pan)   56
솟을바위   54
수단   188
수리적 위치   113
수목농업   192
수위강하(drawdown)   40
수준원점   111~112, 114
수준점   112
순상지(楯狀地)   34, 151~152
순상화산   46
숭례문(崇禮門)   264~266
쉰우물   55~56

쉰움산 55~57
슈가로프(Sugarloaf) 50
스위치백(Switchback) 철도 163~164
스톤마운틴(Stone Mountain) 51
스펠레오뎀(speleothem) 63~65
스핑크스 174
습곡산맥 32, 34
습곡산지 37
습지 235~236
시간 14, 16, 67~69, 107~109, 281, 283, 286
시기리야록(Sigiriya Rock) 51
시례빙곡(詩禮氷谷) 94
시로코 126
시베리아 34, 36, 75, 129, 151, 202~205, 228
시후 67, 69
실트(silt) 134
19년 7윤법 282
십년구한일수(十年九旱一水) 158
싸라기눈 74
썩은 바위 19

아나톨리아(Anatolia) 131
아메리고 베스푸치(Vespucci, Amerigo) 99
아메리카 원주민(Native American) 100
아메리카 인디언(America Indian) 100
아무르 판 36
아시아 먼지(Asian dust) 126
아이누족 209
아이슬란드 33, 38~39
아일락 185~186
아일랜드 280
아타카마이트 149
아프리카 희망봉 17

아프트(abt)식 철도 165
안남미(安南米) 278~279
안데스(andes) 147~148, 150, 210
안산(案山) 268
안산암 120, 170
안외쿠메네(anökumene) 211
안흥 마을 91
알랑미 278~278
알칼리비 241, 245
암맥 121, 150~151
암모나이트 31
암석 19~21, 45, 47, 54, 57, 59~60, 63, 80, 86, 119~120, 146, 150~151, 173~174, 241~244~245, 253
암염층 253
앙가라(Angara) 34
앙가라 순상지 34
애추(崖錐, talus) 95~96
야히모프 230
약수 141
양도(洋島) 49
양사(揚沙) 126
양저(良渚) 문화 197
양쯔 강 70, 155~156, 194, 196~197
양택풍수(陽宅風水) 261
얼음골 94~96
에라토스테네스(Eratosthenes) 98~99
에메랄드 150~152
에베레스트 32, 79
에어리어그래피(areography) 23~24
에우로파(Europae) 279
에티오피아 188
엘니뇨 95

열곡대 38
열교환(熱交換) 82
열대수렴대(熱帶收斂帶, ITC) 81, 194
열대호 44
열점(hot spot) 45
염생습지 235
염소분자(Cl_2) 79
염풍화(salt weathering) 59
염해(鹽害) 253~254
염호(鹽湖) 223
염화불화탄소(CFC) 77, 246~247
염화수소(HCl) 79
영구동토 204
예멘 279
옐로스톤국립공원 66
5대양 33
오색약수 142
오아시스 농업 223
오존 77~79, 237~238, 247
오존주의보 237
오존층 25, 77~79, 247
오호츠크 판 36
온대호 44
온실효과 139, 242, 246~249
온천 141~143, 145
와이키키 46~47
외쿠메네(ökumene) 211
요동(窯洞) 135~136,
용늪 236
용식(solution) 56
용암대지 62~63
용암동굴 61~63, 65, 171
용암원정구(tholoide, domed volcano) 170

용오름 218~219
우랄 산맥 34
우룰루 바위(Uluru Rock) 51
우주 14, 24,~26, 45
우포늪 236
울릉도 49, 74, 87~88, 112, 171, 218
워터 스파우트(water spout) 219
월국(越國) 279
월리학(月理學) 24
월악산 277~278
위도 17, 34~35, 57, 68~69, 79, 82, 101, 103~104, 113~114, 122~123, 129, 189~190, 194, 217, 261
위도대(climatic zone) 68
위도 1도의 길이 122
위선 101, 103, 122
위치 16~17, 29, 34, 101, 113
유황 148~150, 246
6대주 33
육도(陸島) 49
윤년 283
윤달 283~286
윤동짓달 283~284
윤일 283
윤초(閏秒) 287
음택풍수(陰宅風水) 261~262
응회암(tuff) 251
이동 16~18
이스터 250~251
24절기 285
인공홍수 207
인더스 81, 133, 138, 161, 194~195, 197, 199, 281

인도 29, 32~33, 51~53, 69, 98~100, 104, 108~109, 130, 169, 194, 270~271, 279
인도양 33, 41, 69~70, 83, 169
인수봉 52
인왕산 57~59, 116, 261, 263, 265, 268~269
인종지리학(racial geography) 211
인클라인(incline, Inclined plane)식 철도 165
임우(霖雨) 71
입상결정질석회암 174

자
연동굴 61
자오선 101~102, 104, 107, 110, 113
자정 102
작괘천(酌掛川) 86
장마전선 70
장석 46, 128, 150, 173
장소 16~17, 67
적도서풍 194~196
적란운(積亂雲) 241
적우(積雨) 71
절기(節氣) 67
절대고도 87~88
절리 50~54
정오 102
조면암(trachyte) 46, 170
조산(朝山) 268
종상화산 170
종서(縱書) 266
종액(縱額) 266
종유동굴 63~64
종유석 63~65
주극와 79
주빙하(周氷河)기후 96

주산(主山) 268
주상절리(柱狀節理) 175~178
주척(周尺) 123
주천강 90, 92
줄루족 189
중랑천 269
중심점 표지돌 116, 118
쥐라기(Jurassic period) 35, 142
쥐스(Suess, Eduard) 29, 34
지각(地殼) 26, 30~32, 37, 120, 148, 150
지관(地官) 256, 259
지구 14, 16, 19~26, 28, 31, 45, 68, 78, 98, 101, 105, 146, 189, 196, 252, 283
지구온난화 242, 247
지구지리학 14, 24
지리고문(地理顧問) 258
지리학(geography) 14, 16~18, 23~24, 67, 211, 256, 277
지리학의 연구 대상 그 공간적 범위 15
지리학적 사고(geographical thinking) 261
지방1급하천 92~93
지방2급하천 92~93
지역 16~17, 20, 106, 118, 129, 166, 191, 214, 277, 291
지중해 30, 33~34, 36, 40, 59, 83, 126, 129, 131, 133, 138, 190~191, 193, 198~201, 221
지중해성 기후 198
지진 31~32, 37, 39, 40~42, 138, 146, 153~154
지하자원 146
지형형성작용 54
지후 67, 69
진도 37, 41

찾아보기 305

질산염소(ClONO$_2$) 79
쯔나미(tsunami) 39~42

차 아염소산(HOFCl) 79
창장 강 155~156
천정천(天井川) 159~160
청계천 268~270
청룡 268
체감고도 87
체르노젬 129, 131~132
초대륙 29~30, 83
초장기선 전파간섭법(VLBI) 36
초콜릿 273~274
촛대바위 54
최적기온 216
추키카마타의 광상 149
취우(驟雨) 69, 71
측방침식 177
7대양 33
칠레 77, 146~148, 168, 192, 198, 250

카 레 272~273
카카오 273~275
케이프타운 38
코리올리 힘 72
코코아 273~275
콘티넨털 디바이드(continental divide) 38~39
콜럼버스(Columbus, Christopher) 98~100, 103, 139,
크로노미터 104
키나발루 산 51
킬라우에아 46

타 포네라(tafonera) 59
타포니(tafoni) 56, 59~60
탁상지 151
탈질소작용(denitrification) 79
탐해해산 49
태백산맥 74~75, 87, 89, 92, 163~165, 182, 292
태양력 283, 286~287
태음력 283, 286
태평양 30, 33~34, 36~39, 45, 70, 109, 147~148
태풍 39, 71~72, 218, 240~242
테킬라(Tequila) 192
테티스 해(Tethys sea) 30, 83
토네이도 218~219
토르(tor) 53~55
토스카넬리(Toscanelli) 99
토양 19~21, 64, 74, 120, 128, 130~131, 133~134, 137, 224, 244~245, 251, 257
토양생성인자(soil forming factor) 20
토양생성작용 19~20
토양의 단면 21
토양의 발달과정 20
토양입자 134
토양침식 251
통나무집 184
통방아집 184
퇴적암 38, 120, 128, 245, 251
튜브인튜브(tube in tube) 63
티베트 고원 130, 133, 210

파 나마 운하 33, 139~140

파리 104, 106, 161
파리 하수도박물관(Les Egouts de Paris) 161
판게아(Pangaea) 28~30, 34, 83, 142
판구조론(plate tectonic) 31, 82, 146
판운동 29, 31~32, 35, 146~148
판차 라타(Pancha Rathas) 51
판타라사(Pantalassa) 28, 30
팔괘 262
8문 264
팔자(八字) 102
팜파 129
패사(貝砂) 65
퍼밀리(‰) 239
퍼센트(%) 239
페그마타이트 150~152
펠레화산 139~140
평균 해수면 111
평상지(tableland) 37
포도주 191~192, 221
포인트 바(point bar) 269
포트홀(pot-hole) 85~86
폭호(瀑壺) 86
폴리염화 비페닐(PCB) 168
푄(Föhn) 현상 292
표준시 106~110
표준자오선 107~108
표준화석 31
풍성진(eolian dust) 126, 131~133
풍수 259~260, 268
풍수배척론 262
풍수사 256
풍수사상 256~257, 261, 266
풍수지리 57, 259~260, 265~269

풍토병 214
풍화물질(regolith) 19~21, 54
풍화작용(weathering) 19~20, 54, 56
풍화혈(weathering pit) 56
프레온 가스 77~79, 246
프톨레마이오스(Ptolemaeos) 98

하방침식 177
하수구 71~72
하와이 30, 45~47, 109
한강 90, 92, 194, 268~269
한대전선(寒帶前線) 81
한대호 44
한라산 49, 62, 170~172
한랭·건조화 197
한랭기(寒冷期) 221~222, 251
함박눈 72~74
항아리바위 85
해골바위 54
해리(nautical mile) 122
해발고도 48, 57, 87, 111~112, 147
해산 49
해식동굴 61
해안선 119~120, 281~282
해양 문명 138
해양생물 화석 31
해일 39~42
핵석(核石) 54
헌팅턴(Huntington) 216~217
헥토파스칼(hPa) 218, 241
현무암 45~47, 49, 62, 119~120, 175, 177
현세(Recent) 132
혈(穴) 268

호밀　275
홍지문(弘智門)　264
홍해의 기적　39~40
화강암　50~52, 59, 116~117, 119~121, 142, 151, 173~174, 244
화분분석(花粉分析)　200~201, 250
화산　30~32, 37, 45, 121, 137, 139~140, 251
화산재(에어러졸)　137~139
화석　31, 80, 96, 246~247
화성리학(火星理學)　24
화성암　120, 173, 245
화성작용(igneous activity)　151
화성지리학　14, 24
환경오염　237, 239
환경지리학　217
환태평양 조산대　37
황동광(黃銅鑛)　149

황사　126~132
황색 띠　30
황토　128, 130, 132~136, 158~160
황토 가옥　134
황토고원　130, 132~135, 158~160
황하(黃河)　132~134, 138, 155~160, 167, 194~195, 197, 201
회갑　101~103
회오리바람　218~219
후(候)　67
휘동광(輝銅鑛)　149
흑빵　275
흑토　129, 131~132
흔들바위　53, 55
흥인문(興仁門)　264
흥인지문　262
히말라야　30~32

지은이

권동희

동국대학교 사범대학 지리교육과 졸업
동국대학교 대학원 지리학과 문학박사
현재 동국대학교 사범대학 지리교육과 교수
저서로는 『자연지리학사전』(공저), 『지형도 읽기』, 『지리정보론 GIS』 등이 있음
이메일: kwon55@dgu.ac.kr

개정판
지리 이야기

ⓒ 권동희, 2005

지은이 권동희
펴낸이 김종수
펴낸곳 도서출판 한울

초판 1쇄 발행   1998년 2월 15일
초판 14쇄 발행   2005년 6월 25일
개정판 1쇄 발행 2005년 8월 16일
개정판 9쇄 발행 2012년 8월 20일

주소   413-756 경기도 파주시 문발동 출판문화정보산업지 507-14
전화   031-955-0655
팩스   031-955-0656
홈페이지 www.hanulbooks.co.kr
등록   제406-2003-000051호

Printed in Korea.
ISBN 89-460-4311-4 03980

* 가격은 겉표지에 있습니다.